现代机械工程师启蒙

王华权　著

华中科技大学出版社
中国·武汉

内 容 简 介

本书以设计并制作一台智能小车为主线,以便携式数控机床、3D 打印机、SolidWorks 三维机械设计软件和 Excel、Word 等硬件和软件为制作设计工具,以 Arduino 系统为控制平台,通过小车零部件的制作、组装、调试、零件测绘、三维建模、工程图样输出、运动仿真、有限元分析,控制系统的硬件搭建、控制软件加载及参数调整,以及工程文件的编制等实践活动,系统地展示了现代机械工程师的主要职业活动内容和现代机械工程活动的基本流程和基本软件的概貌,以期年轻朋友通过本书案例的体验,获得对现代机械工程师职业的启蒙认知。

基于从业体会,作者也对现代工程师的软硬实力、创新活动及职业健康提出了建议。

本书适合作为大专院校机械专业启蒙教材,也适合有意了解现代机械工程师职业活动的其他相关人士阅读。

图书在版编目(CIP)数据

现代机械工程师启蒙/王华权著.—武汉:华中科技大学出版社,2016.6(2023.7 重印)
ISBN 978-7-5680-1813-5

Ⅰ.①现… Ⅱ.①王… Ⅲ.①机械工程-基本知识 Ⅳ.①TH

中国版本图书馆 CIP 数据核字(2016)第 103162 号

现代机械工程师启蒙 王华权 著
Xiandai Jixie Gongchengshi Qimeng

策划编辑:严育才
责任编辑:姚 幸
封面设计:原色设计
责任校对:刘 竣
责任监印:周治超
出版发行:华中科技大学出版社(中国·武汉) 电话:(027)81321913
　　　　　武汉市东湖新技术开发区华工科技园 邮编:430223
录　排:武汉楚海文化传播有限公司
印　刷:武汉邮科印务有限公司
开　本:710mm×1000mm 1/16
印　张:16.25
字　数:328 千字
版　次:2023 年 7 月第 1 版第 7 次印刷
定　价:45.00 元

前　言

工程画像

工程本是一活动，

打造物件为实用；

没有技术休染指，

科、数原理须遵从；

众人参与有协调，

资源投入需调控；

竣工验收依时、规，

文档齐备贯始终。

工程是人类利用科技成就，打造具有特定用途物件的有组织群体活动。典型的现代工程领域有机械工程、土木工程、冶金工程、水利工程、电气工程、航空航天工程、交通运输工程、生物医学工程、信息与通信工程、软件工程等。现代工程活动为改善人类生活做出了巨大贡献。

然而，在人类战争历史中，服务于军事目的的工程活动，也曾经给人类造成过重大伤害。工程师应该成为世界和平的捍卫者。

世上物件虽千姿百态，但可从五个方面即形（形状或形态）、材（材料）、能（能量）、信（信息）、智（智慧）窥之。机械工程的核心任务就是构"形"。

机械工程是促进人类物质文明进步的重要支柱。人类第一次工业革命，就是起源于蒸汽机的发明。没有先进的机械工程，就无法打造先进的工业体系。从古至今，所有强盛国家，无一不是机械强国。没有强大的机械工业，就没有健康的实体经济。即使在经济全球化的时代，核心机械技术仍是各国维持竞争优势的独享法宝，缺乏核心机械技术的国家，随时都有被"卡脖子"的危险。

近几十年，古老的机械工程学科，在计算机软、硬件和传感器等现代信息技术的影响下，其设计、制造、运行等工作形态已经焕然一新。用流行、高效的新技术替代陈旧、低效的老技术是工程教育改革的迫切需要。

鉴于此，作者凭着四十多年从机械工人、大学生、研究生、高校教师、机械工程师到重返高校任教的阅历，凭着从用尺规绘图到用计算机三维软件从事产品设计的工作经历和从一线钳工到大型数控设备研制者的工作经验，凭着从中国本土高技术企业到美国本土高技术企业的工作体会，撰写了这本以抓手为案例，以自行研发的个人便携式数控机床（PPCNC）、商用计算机三维设计和分析软件、3D 打印机、激光切割机为作业工具，以现代机械工程师的主要职业活动，即计算机辅助三维数字化构型设计与系统分析、数字化制造、计算机辅助控制系统应用、计算机虚拟现实技术应用、原型样机运行试验、撰写工程文件、保护知识产权和职业健康等为内容的现代机械工程师入门读物。

参与这个浅显、有趣的案例的学习，是初学者或相关人士获得现代机械工程基本知识、获取现代机械工程师职业活动体验的一条捷径。

随着软件和硬件的升级，本书的内容也需要与时俱进。但是，作者相信：以计算机三维建模、计算机仿真分析软件技术为支撑的设计工具和以数控机床为主的数字制造技术，在今后很长的时间内，仍是机械工程领域的主流。

多年的教学实践表明：本书的内容，对大学理工科新生认识机械专业和规划自己的职业生涯很有帮助。通过学习，学生们能感受到：现代机械并不是傻大黑粗、冷冰冰、脏兮兮的铁疙瘩。而是具有智能控制系统的现代机器，是有灵气、通人性、有内涵、有深度，甚至是富哲理、有担当的人造精灵，机械技术是支撑其他学科攀高、掘深的有力工具。

让机械专业的初学者对机械工程产生"树信心、唤兴趣、激热情、钓期待"的反响，让非机械专业的读者获得有益于自身发展的机械知识，是撰写本书的初衷。

感谢深圳大学费跃农教授在本项教学探索实践中给予作者的长期支持和帮助。本书的内容也是在呼应费跃农教授推动的"早期工程体验"教学活动的基础上形成的。

感谢深圳大学柯力同学、余荣涛同学、胡启能同学、余华煌同学为本书撰写所贡献的智慧和付出的辛勤劳动！

感谢深圳大学王鑫老师、李商旭老师、黄桂坚老师、王红志、丁一菲老师、李红云老师、李福明老师、李天利老师在多年教学实践中给予作者的帮助！

感谢麻省理工学院 Media Lab. 的博士生 Jieqi，Nadya，David Cranor，David Mellis，Nanwei 等，从波士顿来到深圳大学体验我们的课程。

David Mellis 先生作为 Arduino 系统的主要研发人员，在体验课程之后亲自介绍了 Arduino 系统，促成我在本课程中引入了 Arduino 控制平台，充实了课程内容。

作者天资平凡，文字表达能力欠佳，在撰写过程中虽竭力以勤奋弥补，仍感力不从心。因此，本书难免存在种种不足甚至谬误，我将虚心听取各方的批评、指正与建议。作者诚挚地邀请有意愿、有能力的专家参与本书内容的改进，共同为机械专业的初学者，开辟出一条少费周折的入门之路。

王华权
于深圳大学

目　　录

第1章 绪 论

1.1 什么是机械？

什么是机械？在回答这个问题前，我们先看下面一组图片。

图 1-1-1

图 1-1-2

图 1-1-3

图 1-1-4

图 1-1-5

图 1-1-6

图 1-1-7

图 1-1-8

图 1-1-9

图 1-1-10

图 1-1-11

　　图 1-1-1 所示为小明用筷子吃面条,用筷子挑热面条吃,避免了热面条烫手的困扰,也避免了手指上的脏物沾染面条。图 1-1-2 所示为小明用辘轳取水,用辘轳取水,克服了手不够长、力气不够大的困难,轻松地从井中获得了满满的一桶水。图 1-1-3 所示为自行车,自行车的双轮转换了人类双腿的力量,让人们行动更加轻便快捷。图 1-1-4 所示为伞,伞给人们提供了一个移动的"亭子",雨天能为人们遮雨,人们即使在雨中行走也不会出现"落汤鸡"似的尴尬,烈日之下,能为人们遮光,保护皮肤不受强光的伤害,维持皮肤的白皙。图 1-1-5 所示为折叠椅,折叠椅能为人腿分担身体的重量,让双腿得到休息。图 1-1-6 所示为风扇,风扇能为人体提供强度可控的空气流,在炎热的气候中,它可替代人手摇扇,让人体感到凉爽。图 1-1-7 所示为汽车,汽车能搭载着人员或货物快速地移动,帮助人们完成需要徒步或手拉肩扛的繁重劳动。图 1-1-8 所示为火车,火车能一次性将上千人员或数百吨货物快速地运送到几千千米之外,这样的运输任务是人力、畜力难以胜任的。图 1-1-9 所示为飞机,喷气式飞机能以 1000 km/h 的速度将人员或货物在 10000 m 的高空快速运输,一日之内人就可舒适地到达地球的任何地方,缩小了地球村的时空距离;飞机还提供了一个从天空观看地面的平台,扩大了人类的视野,拓展了人类的活动空间。图 1-1-10 所示为涡扇式航空发动机,涡扇式航空发动机通过燃烧航空煤油来产生强劲的空气流,为飞机提供飞行动力,它是人类从事机械科学研究和工程实践智慧的结晶,被称为机械王国皇冠上的明珠。图 1-1-11 所示为数控机床,数控机床能为一切机械的制造提供强有力的支持,它是机械与现代电子信息技术及数学科学综合应用的产物。机床几乎是所有人造物品的造物之母,所以机床也被称为工作母机。

　　上述图片向我们展示了一些似乎毫无关联的物品。它们的形状和结构有的非常简单,如图 1-1-1 中的一双筷子;有的极其复杂,如图 1-1-10 中的涡扇式航空发动机。这些看起来毫不相干的物品,却有一些共同之处:首先,它们都是依靠特定的空间姿态来工作的,有的要保持位置、姿态稳定不变(如椅子),有的则要变换空间位置、姿态才能工作(如筷子、汽车、飞机);其次,它们的功能都和替代人的体力劳动有关,有些甚至超越了人类身体的能力。于是我们这样来描述机械:

　　机械是一种有形的"东东";

　　机械是一种由多个构件组成的"东东";

　　机械是一种靠改变或保持位置、姿态,来替代人类从事体力劳动的"东东";

　　机械是一种能替代甚至超越人类身体能力,帮助人类干活的"东东"。

　　上述定义也许过于"卡通",缺乏学术上的严谨。

　　于是,我们可以这样定义机械:

　　机械是由多个具有特定形状、特定强度、特定刚度的实体构件组成,依靠保持或变换其位置/姿态来实现特定功能,替代甚至超越人类身体的力量、活动范围,帮助人类从事体力劳动的人造装置。

简而言之,机械主要是帮助人类从事体力劳动的人造装置。

有些机械甚至可以协助人类的脑力劳动,如手摇计算机、机械式正弦仪等。

1.2　什么是机械工程,什么是机械工程师?

1.机械工程

要回答什么是机械工程,首先要回答什么是工程?

工程是一种利用技术手段,遵守科学规律,有多人协同参与,有资源,有投入预算,有明确活动日程,有验收规范,创造具有实际用途"物件"的活动。

这里所指的"物件"可以是建筑物(建筑工程),也可以是动物、植物(生物工程),以及飞机、轮船……这里的物件是计算机软件(软件工程)。

在造物活动中有一批人,他们利用其所掌握的技术手段和科学知识,结合社会需要和个人的专业特长,分别从事创想物件形态,通过计算或试验确定物件尺寸,制定物件标准,编制造物活动计划,调配造物所需的人力物力,监控造物活动进展,测试物件性能,评鉴物件质量,使用/维护产出的物件等工作。他们是造物活动全过程的策划者、实施者以及复杂物件的使用/维护者。他们就是备受世人尊重的工程师。

如果上述活动所造"物件"是帮助人类从事体力劳动的机械,那么这种活动就是机械工程。

机械工程的活动内容大体可以分为机械设计、机械制造、机械运行管理等。

机械设计大体分为结构设计和机构设计两大类。结构设计的目的是确保机械零部件具有足够的承受载荷的能力(如自行车的车架既要轻便,又要能够安全地承载骑行者,即使受到坎坷不平道路的颠簸也不折弯或折断)。机构设计的目的是赋予机械系统具有满足使用要求的活动能力(如使自行车能将骑行者双脚交替的上下运动变成车轮的转动)。

2.设计与机械工程师

本书将传统意义上的"设计"一词,拆分成"设"和"计"两种不同的任务。

设:从无到有的创想与构建,包括创想出机械的作业功能,创想出机械的物理形态。

曾有人创想出一种有着翅膀的机械,能承载人类在空中飞翔。将这种创想付之于实体构建,就有了飞机。当能够代替人类走路的机械这种创想得以构建时,就有了自行车,有了汽车、火车。各种稀奇古怪的创想还在延续,机械工程技术还在不断地推动这些创想的实现,而机械工程师则是将创想转化成实用物件的主要推手。这些物件不断地改变着人们的生活方式,让人类从荒蛮走向文明。

"设"的冲动主要来源于生活和生产实践,来自于实际需求或对需求的想象,也来自于对前人智慧的继承与发扬。成功的"创想"需要有足够的技术手段来呈现。无法实施的"创想"只能算是幻想,可实施的创想才是工程意义上的"设"。譬如,我想要一种机器,它能对人脑进行复制磁盘一样的操作,让人明天变成科学家,后天变成金融家、律师、医生……这个想法听上去很美好,但是,当我们还不知道这种机器应该是什么样子,更谈不上怎样造出这样的机器的时候,这种想法只是个幻想。工程师不能沉浸在幻想之中,而应不断学习和研发新技术。只有掌握了大量能让创想变成现实的技术手段,才能成为"靠谱"的工程师,而不会沦为不着边际的空想家。

机械工程师从事的"设"活动,往往和图形分不开。不少传统艺术家或造型设计师喜欢用"手捏泥人"的方式进行创意表达,而现代机械工程师则主要以三维和二维图形来表达、交流创意或设计思想。

图形能辅助人类进行形象思维。在设计过程中,设计师可以通过图形将特定时间的创想记录下来,日后根据这些已有的图形不断加以修改、完善,使设计逐步达到实用要求。这种不断改进的过程,实质上起到了延长人的思维链条长度的作用,不断细化的图形能将设计者在不同时段的思维成果加以累积,形成更为缜密、复杂的设计。好比下象棋,高手可以想出并储存100步棋局的变化,"糠手"则只能想出3~5步的棋局变化。我们通过对图形的不断修改、完善,其累积效应相当于只能想出5步棋局的下棋"糠手"变成了可以想出100步的下棋高手。计算机三维建模软件的普及大大增加了工程师的空间创想能力,让不少空间想象能力天赋不高的"糠手",造型设计能力超越了"裸脑"造型设计高手。

图形的另一个重要作用是用来与他人沟通。那些难以用语言、文字、表格描述清楚的设想,往往用图形就能直观、清晰地表达。有了这种表达方式,人们之间的沟通变得直观与简单,设计者可通过直观的图形向相关人士传达自己的设计意图,使他人更容易理解并能及时表达相关意见。设计者可通过倾听他人的意见,吸取众人的智慧,让设计更加完美。所以,很多科班出身的机械工程师的第一门专业课程就是工程制图。手绘草图是一种传统且有效的图形表达方式,但是要画得像模像样、简单易懂,则需要长时间的绘画技能训练,甚至需要有出众的天赋。幸运的是:计算机三维图形设计软件已经十分普及,有些三维设计软件学习起来十分容易,这些软件已经成为工程师表达设计思想的简单而给力的工具。它能让没有绘画基础的人,也能画出像模像样的图形。

三维图能直观、形象地表达创意,而"工程图"则是对设计活动最终成果的精确表述。所谓工程图是指具有完整制造信息要求的图形、文字、符号的集合,这些信息可以是尺寸、颜色、表面镀层、表面纹理、加工方法、表面/里面的物理特性(硬度、耐磨度)、表面粗糙度等微观/介观/宏观几何特性以及相互配合零件的松紧程度等。一幅信息完整的工程图样应该是：按图样的全部要求，任何合格的制造商都只能做出同样品质、同样外观的产品。如果图样所包含的信息不完整，对于其中信息不明确的地方，不同的制造商就可能有不同的理解，从而导致所制造出的产品有所差异。要绘制或读懂工程图样需要有大量的专业知识。三维图适合向非专业人士展示机械的形体，二维工程图适用于专业人士之间的精确设计思想表达。

随着计算机图形技术的发展，很多设计信息可以直接附在三维模型之上，使得工程图信息的表达与三维模型逐渐融合，去二维工程图的趋势开始显现。

现代机械工程师必须熟练掌握运用图形表达设计思想的技能。

计：在创想的基础上，通过计算和(或)试验分析，精确确定机械的尺寸及其他参数的技术活动。我们也可以将"计"这种活动称为"分析"，将从事"计"的人称为分析师。分析的最高目标就是优化机械的参数。分析活动工作大体可分成理论分析和试验分析两大类。样机制作出来之前可进行理论分析，样机制作出来之后可以进行试验分析或基于试验数据的理论分析。试验分析要借助仪器进行。

数理化功底是机械分析师的从业基础，掌握必要的计算工具、数理模型的建模方法和计算方法，掌握必要的经验数据和设计规范是分析师从业的必备条件。良好的数理化功底和使用分析仪器的经验则能帮助分析师更好地完成分析工作。

如果说巧妙的创意是机械设计的起点，那么精确的分析则是机械系统步入先进殿堂的必经之路。巧妙的创意可以令机械的功能让人称奇，但是要让机械具有合理、精巧的外形，还必须有精确的计算与分析。精确的计算分析让机器既能出色地完成既定的功能，又具有小巧合理的形状。反之，缺少精打细算的分析的机械，则往往傻大笨粗，甚至毛病百出。

心算、笔算、简易计算器等传统计算手段早已经不足以应付现代机械工程活动中的计算任务，取而代之的是高性能计算机及专业计算、分析软件以及专门的测试仪器。

现代机械分析工程师必须熟练掌握必要的专业分析软件或熟练使用专门的测试仪器。

"设"要靠灵感、靠生活的感悟；"计"则要靠扎实的基础数理功底，靠日积月累的经验支撑，还要靠对现代计算软件或仪器的熟练应用。

现代机械工程师队伍，不能缺少深谙数理化之道、能用计算机和专业软件来"神机妙算"及利用现代化仪器为机械把脉的分析高手。

3. 关于制造

传统意义上的制造，大致可以分为四个层次。

(1) 将矿物质提炼成化学成分符合使用要求的原材料。这些工作主要由冶金、化工等学科承担。

（2）将原材料变成具有特定形状和尺寸的零件。常用的加工方法有依靠机械切削成形的车、铣、磨等。近年来，依靠堆积材料成形的3D打印方法目前也已开始流行。

（3）赋予零件特定的物理、化学性能。如：用热处理方法改变材料的坚韧性，用表面喷涂的方法改变金属材料的耐蚀性等。

（4）将分散的零件组装成符合使用要求的装置。如：将零件装配成计时精确的手表，将部件组装成飞机等。

制造是机械工程中永恒的核心话题。机械往往是制造过程中的主角，任何美好的设想，任何完美的设计，都要通过制造来实现。制造能力是孕育整体工业能力的土地，你的制造方法越多，你的这块土地就越广袤；你的制造方法越先进，你的这土壤就越肥沃。在一片贫瘠、狭小的土地上，怎能长出参天大树？

制造能力的强弱是衡量一个国家整体工业水平高低的标尺。制造能力是设在通向科学和工程技术高峰道路上的一道独木桥，机械是现代工业的压舱石。

没有"设"哪有"计"？不能制造，"设"了有何用？制造"一夫当关"，百业"万夫待开"。

如果说科学是寻梦，设计就是做梦，制造则是圆梦。

不能制造的设计是白日做梦。

制造、制图、计算与测试分析是机械工程师的四大职业利器。

制造与制图是现代机械工程师的看家本领，计算与分析手段则是现代工程师通向高、精、尖的法宝。

不会制造什么都做不了，不会制图、不会计算、不会分析什么都难做好。

机械"设"、"计"、制造这些工程活动涉及众多参与者和众多的资源投入。人类社会发展到今天，积累了数不清学不完的知识、信息、技术。新的知识、信息、技术仍在爆炸性地增加，我们已经走进了"大数据"的时代。单靠一个人或少数几个人，无法获得创造人造卫星、数控机床、高铁系统、喷气式飞机这样结构复杂、功能强大的机器所需要的全部知识和技术。要创造能成"大器"的机器，必须聚集多学科、多数量的专业人员协同工作。这些人员的分工合作和资源调配需要具有机械专业知识背景和管理能力的人员来协调、调度。工程竣工后，机器的运行也需要具有专业素养的人来参与使用和维护。这些从事调度、协调及运营工作的人员需要足够的机械专业素养，我们统称这些人员为机械运管（运行管理）工程师。缺乏有效的运行管理，工程师队伍会沦为群龙无首的"个体户"，成为一盘散沙，难成大器。

机械工程离不开运行管理。

我们简单地将机械工程师分成以下四类：机械创意工程师，他们以"设"为主；机械分析工程师，他们以"计"为业；机械工艺工程师，他们专注于从事制造；机械运管工程师,他们是从事项目规划、资源调度与管理的人员。

现代机械少不了传感器、计算机、控制器等信息采集、分析、指令系统。当机械装上了这些信息系统后,我们就将其称为"智能机器",机械学科由此自然而然地延伸到了其他技术领域。

工程领域也是科学家的摇篮,很多科学研究问题都起源于工程实践,机械领域也不例外。从事机械设计、制造以及管理的工程师,经常会因在工程实践中发现一些用现有科学理论尚无法合理解释的问题,而转身投入对这些问题的科学研究,一不小心,也许就变成了科学家。

机械工程活动需要进行人力资源和物质资源的调配,这种活动可以造就出色的管理人才。机械运管工程师如果迈出机械行业,很快就能适应其他领域中的管理、资源调配工作,一不小心可能就变成了企业家、社会活动家、金融家……

机械工程领域足够广袤,足够坚实,足以涵盖你的才华边界,足以承载你的人生抱负和理想。

当你期待平凡、宁静的生活之时,你可以在机械工程领域找到一个只要勤劳即可胜任的工作职位,开辟一个养家糊口的经济来源,筑起你的生活小巢;当你决定为深思熟虑的理想和抱负打拼之时,机械工程领域有无数可让你施展才华、大显身手的工程项目,你可以尽情地施展个人才华,从这里开始扬帆起航。

1.3 工程师的软实力

如果说设计、制造能力是工程师的硬实力,那么匠心、匠艺、匠德就是工程师的软实力。

工程师的匠心可以用专心、细心、责任心简要地概括。

所谓专心是指将人的主要精力聚焦在一个领域上,除承担职业任务之外,还要始终关注本领域及相关的技术动向,研究新的技术方法,掌握各种方法使用的细节,积累丰富的经验,成为能够多、快、好、省地解决该领域工程问题的专家。现代社会信息传播快,各种诱惑铺天盖地,见异思迁、缺乏定力的表现与工程师的匠心相悖。工程师的成长犹如酿酒,时间越久越香。对职业不感兴趣、缺乏热情、没有定力都是工程师成长道路上的障碍。

所谓细心是指工程师要以认真的态度对待工程问题,要在心静如水的状态下对待每一个工程细节问题,认真对待每一个数据,认真对待每一个工程细节,做得精准、细致,万无一失。

所谓责任心是指工程师要以高度的社会责任感来对待工程问题,要脚踏实地,不敷衍,不以次充好。对待工程问题要一是一,二是二,来不得半点虚假。利用现有技术能做到的事,一旦承担就要尽力做好;做不到的事,要先加以研究,在未找到可行的解决方案之前,要谨慎行事,不可因一时的利益而轻举妄动。因为,出现任何的工程瑕疵都可能贻害社会。

工程师的匠艺可概括为:博学、善用、简约、极致。

博学:指工程师要有广博的科学知识和技术方法,善于吸收、借鉴不同领域的知识和方法为我所用,要终生学习,学无止境。

善用:遵守科学规律,不墨守成规,善于将各种知识、经验和技术融会贯通后加以巧妙地综合运用,获得最佳的效果。

简约:善于抓住事物的关键问题,将复杂的问题抽丝剥茧,找出其核心环节所在,将复杂的问题简单化。艺高者方案简,反之则繁。

极致:优秀的工程师应该怀有一种追求极致的极客心理,对待技术问题先过自己关(让自己挑不出毛病),再过他人关(让他人也无可挑剔)。没有最好,只有更好。

"艺高人胆大,艺极博惊叹"。专业技术能力达到一定高度,你做起事来就能得心应手。好多常人不敢想、不敢做的事,艺高者可以从容地去谋划、实施,因为他们胸有成竹。

图 1-3-1 至图 1-3-8 所示的机械设备是对"艺高人胆大"和"艺极博惊叹"的一种诠释。

图 1-3-1 巨型斗轮挖掘机

图 1-3-2 成人坐在巨型翻斗车的车轮中

图 1-3-3 小孩在巨型翻斗车下

图 1-3-4 和谐号高速铁道列车

图 1-3-5 舰载直升机

图 1-3-6 开挖地下隧道的盾构机

图 1-3-7 精细的机械手表

图 1-3-8 自行车后轮内减速器

工程的匠德与人类的社会公德密切相关。

匠德是指世人在与他人交往的过程中,己方关切他方的行为方式。节、让、帮、献是匠德的四种境界。

节:自我节制,不给他人添麻烦。

让:懂得知足、感恩、包容、尊重与谦让,不唯利是图,不小肚鸡肠。

帮:遇到做正事的人有困难时,出手相助;有责任要敢于承担。

献:奉献自己的时间、精力甚至一切去帮助他人,促进社会进步,助人为乐,不图回报。

工程师是一个造物群体。群体内,每人做好分内的工作,尽量少给上下游的合作伙伴增添麻烦。设计环节做得好一些,制造环节问题就少一些;制造环节做好了,运行管理就容易实施。大家都抱着不给他人添麻烦的信念去工作,不将难题推给他人,就会工作氛围和谐、工作高效。一个不给同伴添麻烦的人,将会是受欢迎的人。一个能让、能帮、能献的人,必定会成为受尊重的人。

有良知的工程师,不造劣质产品,不给消费者留下隐患,不给社会留下后患,不剽窃他人成果、不制造假冒产品,尊重创新者的劳动成果和生存空间。

不给他人添麻烦的理念在工程师的设计活动中,也时有体现。例如:机械零件的飞边、毛刺会划伤他人,在设计、制造时必须清除;工业生产会产生垃圾污染环境,在设计制作过程中要尽力避免……

曾经有一种切碎饲料的机械,能替代农民手工剁碎饲料。由于降低了劳动强度、提高了饲料加工效率,该机器一度畅销。但是,部分产品由于投料口没有保护装置,致使操作者手部伤残。这种给用户造成极大痛苦的造物盈利活动,有违不给他人添麻烦的理念。

自觉尊重他人智力劳动成果也是工程师应有的职业道德。非法抄袭和剽窃技术,不仅会给创新者增添麻烦,给他人促进技术进步的行为带来消极影响,甚至会侵害他人的知识产权权益,触犯法律,应该受到谴责、制裁。靠抄袭、剽窃的人不会获得成功,不改邪归正者均会遭到社会唾弃。

一位心系节、让、帮、献的工程师,将会受到同事的欢迎和喜爱。

一群心有节、让、帮、献的工程师所创造的产品,将会受到社会的欢迎和喜爱。

一种有节、让、帮、献气息的工程文化,将会受到世人的欢迎和喜爱。

1.4　现代机械工程活动的基本步骤

创造机器是机械工程的最主要目标。

在现代技术条件和社会组织结构下,创造机器的基本步骤如下。

(1) 制定目标(根据生产实际的需要或创造性的灵感提出目标,用技术手段和经验进行可行性评估)。

(2) 表述目标和任务(在通过可行性评估的前提下,撰写具有详尽技术参数的设计任务书)。

(3) 制订计划、分解任务(运管工程师将任务分解成若干子任务,配置相应的人力、物力资源及进度安排)。

(4) 方案设计,包括:

·图样设计(创意师用计算机 3D 软件进行机构及结构设计);

·系统仿真分析(分析师用专业的分析软件和方法进行计算机仿真分析或计算)。

(5) 样机制作(设计工程师提供工程图,经工艺工程师认可后开始组织技术人员施工制作样机)。

(6) 样机试运行及运行参数采集与分析(操作人员及仪器分析师对样机进行运行试验及测试分析)。

(7) 运行效果评估(用户及研发人员共同对运行效果进行评估)。

（8）根据运行评估的结果，决定返回步骤（4）进行设计改进或转入步骤（9）。

（9）转入商业化生产（编制工程文件，由运管工程师和工艺工程师共同主导商业生产）。

（10）交付用户使用及提供售后服务（运管工程师主导，工艺工程师、设计工程师协助）。

对比较简单的研发项目（如一辆滑板车），经验丰富、专业功底好的工程师，可以兼任设计、工艺甚至测试工作。但是对复杂的项目（如一种型号的汽车），通常是靠技术团队协作完成的。

第 2 章 从一项任务开始说起

本书将以一台带有机械手爪的智能小车(见图 2-0-1)的制作活动为主线,让读者体验现代机械工程师的主要职业活动,以及这些活动之间的联系。

图 2-0-1 带有机械手爪的智能小车

随手记笔记是工程师应有的职业习惯。请读者准备一个笔记本,记录每项任务的活动内容及耗费的时间。记录应尽量详细,以备后续整理工程文件之用。

2.1 智能小车的制作

(1) 制作小车的机械系统,包括机械手、车身及随车装饰物。

① 用数控机床制作舵机架,如图 2-1-1 所示。

② 用数控机床制作齿轮臂,如图 2-1-2 所示。

③ 装配机械手,如图 2-1-3 所示。

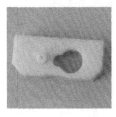
图 2-1-1 舵机架成品

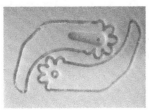
图 2-1-2 齿轮臂

图 2-1-3 机械手

④ 用数控机床制作嵌装螺母座,如图 2-1-4 所示。

⑤ 制作车架,如图 2-1-5 所示。

图 2-1-4 嵌装螺母

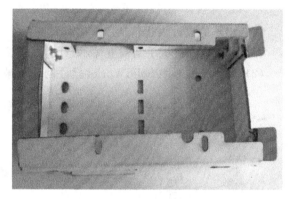

图 2-1-5 车架

⑥ 将机械手、传感器、控制板、电池盒等部件组装成智能小车,如图 2-1-6 所示。

⑦ 通过 3D 打印制作舵机架。

图 2-1-6 智能搬运车装配成品

(2)用 Arduino 控制系统控制小车运动。

① 学习 Arduino 控制系统程序的调试方法。

② 正确使用接口电路的输入、输出端子。

③ 调试控制程序,控制小车完成"走直线"的任务。

2.2 智能小车的设计表达

智能小车的设计表达包括以下内容。

（1）手工测绘机械手结构立体示意图，如图 2-2-1 所示。

（2）在计算机上用 SolidWorks 软件制作机械手 3D 模型，如图 2-2-2 所示。

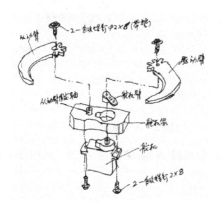

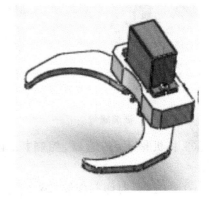

图 2-2-1　手绘机械手结构立体示意图　　　　**图 2-2-2　机械手 3D 模型**

（3）在计算机上用 SolidWorks 软件制作智能小车其他部件 3D 模型。

（4）用 SolidWorks 软件制作智能小车三维装配图，如图 2-2-3 所示。

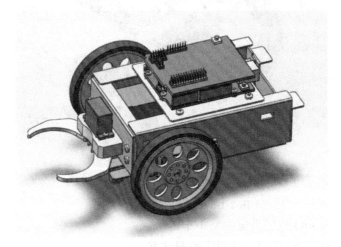

图 2-2-3　智能小车三维装配图

（5）用 SolidWorks 软件制作舵机架工程图、如图 2-2-4 所示。

（6）用 SolidWorks 软件制作车架的二维钣金展开图，如图 2-2-5 所示。

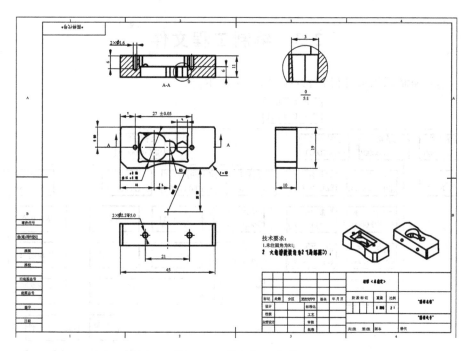

图 2-2-4　舵机架工程图

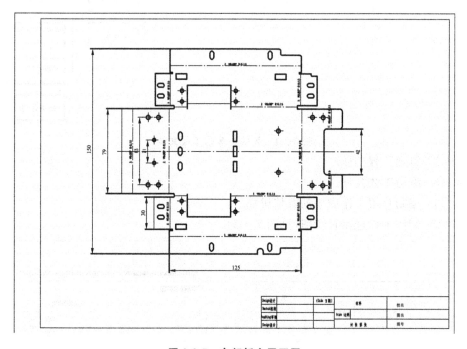

图 2-2-5　车架钣金展开图

2.3 编制工程文件

(1)编制工程文件树状表,如图 2-3-1 所示。

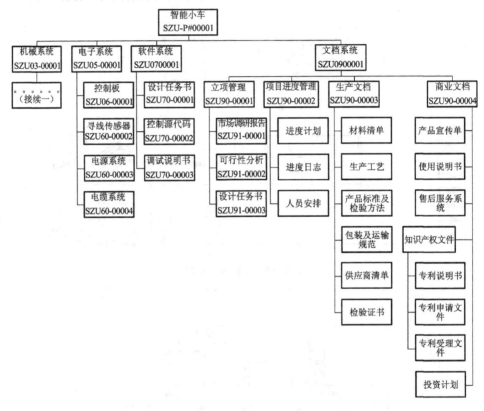

图 2-3-1 智能小车的工程文件

(2)整理工程图样。

(3)编写工艺文件。

(4)编制介绍工作成果的宣传讲稿。

(5)制作工作进度甘特图(见图 2-3-2)。

任务名称	开始时间	完成	持续时间
小车制作	2015-09-07	2015-12-09	13.6w
机械手制作	2015-09-07	2015-09-25	3w
纸车架制作	2015-11-10	2015-11-23	2w
小车装配	2015-11-23	2015-11-27	1w
电路连接	2015-11-23	2015-11-27	1w

图 2-3-2 智能小车的工作进度甘特图

第3章 机械手的制作

3.1 制作工具介绍

3.1.1 数控加工简介

机械行业中的"加工"一词,通常是指改变物体形状以获得特定外形的过程。被加工的物体一般被称为工件或毛坯。

加工方法多种多样,其中用刀具切除毛坯上多余材料的方法统称为机加工。通常,单凭人力是无法完成加工任务的,所以人们设计并制作了各式各样的加工机器,如车床、铣床、刨床、磨床、镗床、钻床、插床等,它们被统称为机床。

传统的机床加工方式需要操作者操作机床上的手柄来控制机床刀具或工件的运动,而数控机床则采用数字控制系统来控制机床刀具或工件的运动。数控车床、数控铣床、加工中心(可以自动换刀的数控铣床)等是最常用的数控机床。

图 3-1-1 所示为一台普通手动铣床,图 3-1-2 所示的则是一台数控加工中心。

图 3-1-1 普通手动铣床

1—主轴;2—工作台;3—手柄

图 3-1-2 数控加工中心

机床上工作台的运动方向通常是用空间直角坐标系的方向以及围绕直角坐标系的轴旋转的方向来描述的。每个运动方向,包括沿坐标轴平移的方向和围绕坐标轴旋转的方向,称为一个轴。沿 X、Y、Z、A、B、C 方向运动的部件通常也直接用 X 轴、Y 轴、Z 轴、A 轴、B 轴、C 轴等代称。这些轴统称为进给轴。进给轴用于控制切削的深浅、快慢和起止位置等。所谓的三轴机床和五轴机床就是指有三个和五个进给轴的机床。

除此之外,机床上还有一个特殊的旋转轴,它在切削时提供最大的动力、最高的转速,机床行业内一般都称它为主轴,如:车床带动工件旋转的轴,铣床带动刀具旋转的轴。

图 3-1-3、图 3-1-4 所示的分别是车床、铣床的主轴。

图 3-1-3　车床的主轴　　　　　　　　图 3-1-4　铣床的主轴

车床的特点是将工件装夹在称为卡盘的装置上,卡盘自身是可以旋转的,刀具装在一个可以沿两个垂直方向平移的滑台上,滑台带动刀具接近旋转的工件进行切削,从而获得回转几何体的工件。

铣床加工的特点是将工件装夹在称为滑台的装置上,滑台可以做直线运动,刀具则装在可以高速旋转的主轴上,滑台载着工件去触碰刀具实现切削,从而获得各种几何形状的工件。

图 3-1-5 和图 3-1-6 所示的分别是卧式车床、立式铣床加工的实例。

图 3-1-5　卧式车床加工　　　　　　　图 3-1-6　立式铣床加工

手动机床的进给轴运动一般由操作者通过摇动轴上的手轮来控制。其加工质量会受到操作者技术水平和临场发挥状态的影响。

数控机床使用计算机控制的进给系统代替人力操作来实现进给运动,其控制精度和加工质量的稳定性均不受上述人为因素的影响。

3.1.2　PPCNC 简介

作为使用数控机床的一次体验,本例使用一台个人便携式机床来完成机械手零件的制作任务。

机械工程领域将数控机床称为 CNC 机床(computer numeric control machine)。

个人便携式数控机床 PPCNC(personal portable CNC machine)是一款微型三轴卧式数控铣床,它由个人计算机控制。

图 3-1-7 所示为一套用笔记本电脑控制的 PPCNC。

图 3-1-7　PPCNC

1—电气箱体;2—USB 数据线;3—机床底座;4—Z 轴电动机与手轮;5—主轴电动机;6—主轴箱体;
7—刀具夹头;8—防护罩;9—Y 轴电动机与手轮;10—控制用 PC;11—X 轴电动机与手轮;
12—电源适配器;13—调速旋钮;14—总电源开关;15—急停按钮

图 3-1-8 所示为 PPCNC 的常用工具和附件。

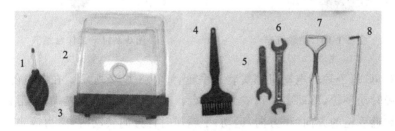

图 3-1-8　PPCNC 的常用工具和附件

1—吹球;2—防护罩;3—集屑盒;4—毛刷;
5—开口扳手(♯17);6—开口扳手(♯12);7—对刀器;8—内六角扳手

3.1.3 PPCNC操作入门

1. PPCNC的结构

PPCNC有 X、Y、Z 三个进给轴,如图3-1-9所示,X、Y、Z 三个轴的位置关系遵循右手定则。

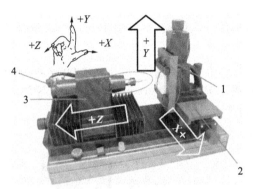

图3-1-9　PPCNC的 X、Y、Z 轴
1—Y轴滑台;2—X轴滑台;3—主轴箱;4—主轴电动机

图3-1-9中圈出的部分放大后分别如图3-1-10和图3-1-11所示。其中刀具安装在主轴上,可以随着主轴箱沿 Z 方向运动;工件安装在工作台上,可以随 XY 滑台在 XY 平面内运动。工件和刀具同时运动,刀具就可以将工件切削成各种复杂的几何形状。

图3-1-10　主轴细节
1—主轴;2—刀具

图3-1-11　工作台细节
1—装夹块

PPCNC每个轴的电动机都安装了手轮,如图3-1-12所示。在断电的情况下,可以缓慢转动手轮,移动主轴箱或 XY 滑台。手轮顺时针方向转动时,滑台或主轴箱会朝靠近手轮的方向(正方向)运动;手轮逆时针方向转动时,滑台或主轴箱会朝远离手轮的方向(负方向)运动。

如图3-1-13所示,PPCNC机箱上设有急停按钮、电源开关和调速旋钮,功能描述见表3-1-1。

图 3-1-12　PPCNC 的电动机
及手轮

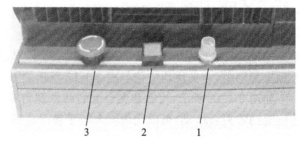

图 3-1-13　PPCNC 的按钮
1—调速旋钮；2—电源开关；3—急停按钮

表 3-1-1　PPCNC 的按钮功能

名　称	功　能　说　明
急停按钮	弹起状态：设备可以正常工作。下压状态：设备停止当前工作，且不再响应任何命令。下压之后需沿箭头方向旋转才能重新弹起
电源开关	弹起状态（OFF）：机床不通电；下压状态（ON）：机床通电。每按一次按钮，OFF/ON 状态切换一次
调速旋钮	调节主轴电动机转速高低。顺时针方向旋转，主轴电动机转速升高；逆时针方向旋转，主轴电动机转速降低

2.PPCNC 状态检查

使用 PPCNC 之前，请做以下检查，以保证机床能正常、安全地工作。

1）检查基本附件是否齐全

参照图 3-1-8，检查附件是否齐全。此外，请根据实际加工要求，准备好刀具、夹具。

2）检查集屑盒是否放置到位

正确放置集屑盒的方式参见图 3-1-14。

图 3-1-14　集屑盒的正确放置

图 3-1-15　错误放置情形 1

图 3-1-16　错误放置情形 2

图 3-1-15 和图 3-1-16 所示的是集屑盒常见的两种错误放置情形，应避免。

3）检查装夹块是否安装正确（仅对本项任务的机械手爪和舵机架加工而言）

请按图3-1-17检查装夹块的朝向是否正确。图3-1-17所示的是装夹台的一个局部，通过改变两个装夹块的朝向，可以获得不同的装夹范围。在本书涉及的四个加工案例中，装夹块均应依照图3-1-17所示的方向安装。

如图3-1-18所示，检查装夹台上的两颗螺钉是否完好，装夹台是否可靠固定，若感觉到装夹台松动，可以用内六角扳手将对应的紧固螺钉锁紧。

 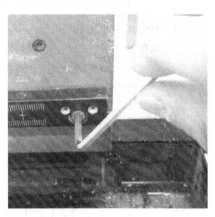

图3-1-17　装夹范围的调整　　　　　　图3-1-18　锁紧装夹台

4）调整各个轴的位置

在没有通电的情况下，通过转动X、Y、Z轴的手轮，将X滑台、Y滑台、主轴箱移动到两端极限位置的中央位置，如图3-1-19（a）、（b）、（c）所示。

(a)　　　　　　　　　(b)　　　　　　　　　(c)

图3-1-19　X、Y、Z的位置调整

3. PPCNC 的启动及初始化

按以下步骤启动PPCNC并进行初始化。

步骤1　确保电源开关处于OFF（弹起）状态。如图3-1-20所示，将电源线、USB通信线连接到机床相应的接口上，如图3-1-21所示。

步骤2　按下电源开关，为PPCNC供电。

图 3-1-20 通信线与电源线

1—USB 通信线;2—电源线

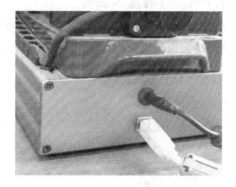

图 3-1-21 通信线及电源线的连接

步骤 3 鼠标左键双击桌面的 ![图标] 图标,启动 PPCNC 控制软件,如图 3-1-22 所示。

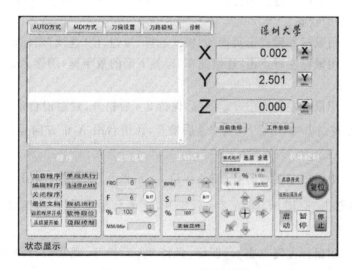

图 3-1-22 PPCNC 的控制界面

步骤 4 确保急停按钮处于弹起状态,用鼠标左键单击控制软件的"Auto 方式"按钮,切换到"Auto 方式"页面,单击控制软件界面上的"复位"按钮,使其停止闪烁。

步骤 5 鼠标左键点击"返回机床原点"按钮,机床各个进给轴将自动移动到各自的机械零点。

步骤 6 鼠标左键点击图 3-1-23 中的 ![图标] 图标,将工作台移动到中间位置,此时,"X""Y"工件坐标值均为 0。

4. PPCNC 的基本操作

PPCNC 可以由鼠标或键盘进行手动操控,使用鼠标控制的按钮如图 3-1-23 所示,使用键盘控制的按键如图 3-1-24 所示。

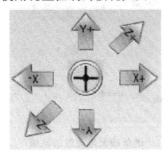

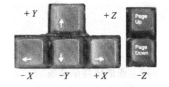

图 3-1-23   X、Y、Z 运动控制按钮   **图 3-1-24   键盘上的 X、Y、Z 运动控制按键**

请按照以下步骤手动操控 PPCNC。

步骤 1   用鼠标左键点击操作页面上的"Auto 方式"图标按钮,确认页面进入图 3-1-22 显示的状态。

步骤 2   用鼠标左键点击页面的"模式选择"按钮,使"连续"图标呈现绿色。

步骤 3   用鼠标左键点击"连续速率"标签下面的数字框,用键盘输入数字 30,然后按回车键。

步骤 4   用鼠标左键点击 ⬅ 图标,保持 2 s 后松开,观察滑台沿 X 负方向运动;用鼠标左键点击 ➡ 图标,保持 2 s 后松开,让滑台沿 X 正方向运动,回到原位附近。

步骤 5   用鼠标左键点击 ⬆ 图标,保持 2 s 后松开,观察滑台沿 Y 正方向运动;用鼠标左键点击 ⬇ 图标,保持 2 s 后松开,让滑台沿 Y 负方向运动,回到原位附近。

步骤 6   用鼠标左键点击 ◤ 图标,保持 2 s 后松开,观察滑台沿 Z 负方向运动;用鼠标左键点击 ◥ 图标,保持 2 s 后松开,让滑台沿 Z 正方向运动,回到原位附近。

步骤 7   用鼠标左键点击"连续速率"下面的数字框,用键盘输入数字 60,然后按回车键。

步骤 8   重复上述步骤 4~6,观察滑台运动速度的变化,值越大,运动速度越快。

步骤 9   用键盘上的按键同样可以完成上述操作,对应运动关系如图 3-1-24 所示。

PPCNC 支持"连续"和"步进"两种点动模式,两种模式可以通过"Auto 方式"

页面的"模式选择"按钮切换,如图 3-1-25 所示。点击一次"模式选择"按钮,当前模式(连续/步进)切换一次,高亮显示的为当前有效模式。两种模式的区别在于:在连续模式下,只要控制轴运动的按钮或键盘按键处于按下状态,相应的轴就会持续运动;在步进模式下,则是每按下一次按钮或键盘,无论按多长时间,相应的轴只移动一个指定的距离(称为步长)。

图 3-1-25　连续和步进模式切换

点击"连续速率"百分数输入框下的加(减)箭头,或直接在输入框中输入指定速率,回车确认,可以调节连续模式下的运动速度,如图 3-1-25 所示。

点击"步长"输入框下的单箭头,可以使步长在 0.001 mm、0.01 mm、0.1 mm 和 1 mm 之间滚动切换,此外,也可以直接在输入框中输入步长,然后回车确认,如图 3-1-25 所示。

5. 超行程诊断

PPCNC 的 X、Y、Z 轴靠近正、负方向的极限位置均装有限位开关,机床的某个轴触碰到限位开关时,整个系统进入极限控制状态。此时机床停止一切动作,并且不再对新的命令做出响应。点击菜单中的"诊断"页面,可以看到相应的限位开关呈现高亮红色显示,如图 3-1-26 所示。

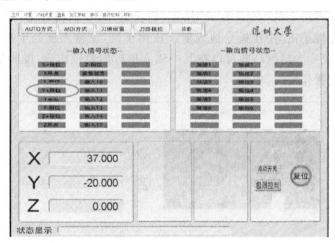

图 3-1-26　诊断页面

现在人为地"制造"超行程"意外"来观察超行程现象。

将"点动"模式切换到"连续",将速率调至 20%,使用软件界面上的按钮或键盘控制 Y 轴运动,将 Y 轴滑台移动到接近图 3-1-19(b)所示的位置,然后按住键盘的"Up"键,使 Y 轴持续向正方向运动。正常情况下,当滑台到达极限位置后会自行停止。与此同时软件界面上的"复位"图标按钮会持续闪烁。

点击软件顶部的"诊断"按钮,将界面切换到诊断页面,如图 3-1-26 所示。在输入信号状态显示中,"Y 正限位"以红色高亮显示,这说明 Y 轴已经运动到正方向的极限位置,不应在继续向前。同理,任何一个轴往正(反)方向前进到极限位置,都会导致系统进入紧急状态,机床的一切动作即时停止,诊断页面中对应的输入信号状态会以红色高亮显示。

按照以下步骤解除紧急状态。

以 Y 轴正限位为例,单击"复位"按钮,使其停止闪烁,用键盘或鼠标操作 Y 轴滑台往 Y 负方向运动,直到诊断页面中的"Y 正限位"高亮显示状态消除,方可进行正常操作。

处理其他轴的超行程问题与此类似。当滑台到达极限位置,触碰了限位开关(机床外看不到限位开关),使机床进入紧急状态时,应先单击软件界面上的"复位"按钮,使其停止闪烁,然后控制该轴往相反的方向移动,直到诊断页面上对应的限位信号高亮显示状态解除,方可进入其他的操作。

单击"复位"按钮后,切不可再沿原来的方向移动滑台,一定要沿相反的方向移动滑台。

6. MDI 方式

MDI 是英文 manual data input 的缩写,即手动数据输入。

单击控制界面上的"MDI 方式"按钮,切换到 MDI 控制页面,如图 3-1-27 所示。用鼠标左键单击 MDI 指令输入框或按回车键,令输入框处于接收输入状态(输入区的颜色变为白色),即可在其中输入单行的数控指令,按回车键确认后,系统执行相应操作。

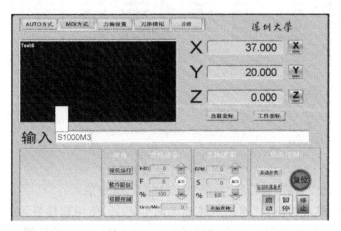

图 3-1-27 MDI 页面

数控指令(代码)一般可以笼统地称为 G 指令。G 指令是数控加工中的重要内容。有兴趣的读者可以参考相关书籍。

下面用介绍如何通过输入指令的方式启动主轴，并测试急停按钮的"刹车"效果。

（1）调整机箱上的调速旋钮，至主轴转速百分数显示为 100％，如图 3-1-28 所示。

（2）在 MDI 指令输入框中输入"S1000 M03"，按下回车键确认，此时，可以观察到主轴转动，在主轴转速显示框中可以看到当前的转速，调节调速旋钮可以改变主轴转速。

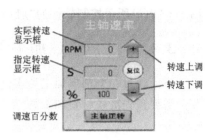

图 3-1-28　主轴转速调节

（3）按下"急停"按钮，主轴将立刻停止转动。

"急停"按钮相当于机床的一个"刹车"，几乎所有机床都会配备。使用机床进行加工前，应确保其急停按钮能正常工作，这样在加工中出现意外或错误时能够及时停机，避免发生事故。

正常情况下，按下"急停"按钮后 PPCNC 将无条件进入紧急状态，一切正在进行的动作都会停止，机床不再响应软件的任何命令，且控制软件上的"复位"按钮将会持续闪烁。

（4）将"急停"按钮沿开关帽上的箭头方向旋转，使其恢复弹起状态。

（5）单击控制界面上的"复位"图标按钮，使其闪烁状态消除，确认解除急停状态。

注意：解除急停状态后，主轴也不会自行恢复转动，单击主轴"正转"按钮才可以让主轴重新启动。

7. 程序控制

点击菜单栏中的文件，在弹出菜单中选择"载入 G-代码"，如图 3-1-29（a）所示，选择保存有目标 G 指令的文件，双击打开；也可以在如图 3-1-29（b）所示的"Auto 方式"页面下点击"加载程序"实现前述的操作。PPCNC 所用的 G 指令文件的扩展名可以是："．NC"".txt"".tap"。

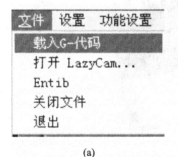

(a)　　　　　　　　(b)　　　　　　　　(c)

图 3-1-29　载入加工程序、加工启动

做好加工准备(装夹工件、刀具,设置工件坐标等),载入加工程序之后,单击如图 3-1-29(c)所示控制软件的"启动"按钮,PPCNC 就会自动执行指令规定的动作。

3.1.4　PPCNC 加工实例——刻字

下面通过一个刻字加工的实例,熟悉 PPCNC 操作及常用附件的使用。

需要预先准备材料和工具,如图 3-1-30 所示。

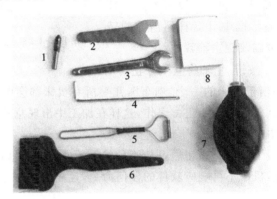

图 3-1-30　刻字加工的工具

1—雕刻刀;2—开口扳手(♯17);3—开口扳手(♯12);4—内六角扳手;

5—对刀器;6—毛刷;7—吹球;8—毛坯料

1. 装夹工件

PPCNC 的标准工作台如图 3-1-11 所示,在装夹工件之前,请先检查工作台的装夹块朝向是否与图示的一致。

将工件毛坯料紧贴 PPCNC 的 Y 轴滑台,使用 3 mm 的内六角扳手,将工件紧固螺钉锁紧,使工件固定,如图 3-1-31 所示。注意装夹毛坯料时尽量使其处于工作台中间。

图 3-1-31　装夹工件

2. 装夹刀具

PPCNC 使用弹簧夹头来夹紧刀具,如图 3-1-32 所示。本次加工使用的是雕刻刀,如图 3-1-33 所示。

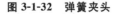

图 3-1-32　弹簧夹头

图 3-1-33　雕刻刀

PPCNC 标配的弹簧夹头是 6 mm 的,配套刀具的刀柄直径也是 6 mm,当更换其他刀柄直径的刀具时需要更换配套的夹头。

装夹刀具需要用到 12 mm 和 17 mm 的开口扳手。

用 12 mm 的开口扳手卡住主轴,用手拧松弹簧夹头,将雕刻刀插入夹头内,刀柄外伸长度约 8 mm,如图 3-1-34(a)所示,收紧弹簧夹头。拆装刀具时请注意松紧的方向,如图 3-1-34(b)所示。

约8 mm

（a）

（b）

图 3-1-34　用扳手装夹雕刻刀

3. 对刀操作

对刀是数控加工中必不可少的操作,与 PPCNC 配套的对刀器如图 3-1-30 的 5 所示。对刀操作的方法如下。

（1）在控制界面的"Auto 方式"页面下,点击"模式选择",激活"连续"模式。将"连续"模式速率调至 20%,用图 3-1-23 所示的软件按钮或图 3-1-24 所示的键盘按键控制 Z 轴往 Z 轴负方向运动,让刀尖接近工件,直到刀尖距离工件表面 4 mm

左右,停止移动 Z 轴。

(2)将对刀器托放在刀具上,如图 3-1-35 所示。

图 3-1-35 对刀器的使用

(3)将连续转速改为 4%,控制 Z 轴往 Z 轴正方向运动,让刀尖离开工件表面,注意观察对刀器和刀尖,当对刀器快要下落脱离的时候,停止移动 Z 轴。

(4)点击"模式选择",激活"步进"模式,选择步长为 0.01,继续控制 Z 轴往 Z 轴正方向逐步移动,让刀尖以步进的方式离开工件表面,当对刀器刚好掉落时,停止运动。

在对刀时需要注意图 3-1-35 中圈出的部位,对刀过程中要确保对刀器与螺母之间留有间隙,若对刀器被螺母托住,对刀的结果是不准确的。若有必要,请在主轴箱上放置垫块将对刀器的尾部垫高,增大对刀器和螺母之间的间隙。

用鼠标左键点击"刀偏设置"图标按钮,将控制界面切换到"刀偏设置"页面,单击量块高度输入框,输入 6,回车确认,点击设置"Z"值,可以观察到"Z"的坐标值变为 6,如图 3-1-36 所示。

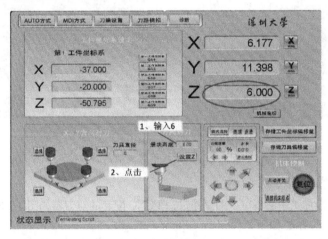

图 3-1-36 对刀设置

对刀完成后,进入"AUTO 方式"页面,按图 3-1-29 所示的方式加载程序,在目标文件保存目录下,选择"刻字"文件。

进入"刀路模拟"页面,可以看到刀路的轨迹,如图 3-1-37 所示。若没有显示刀路,点击"重生刀路"按钮。

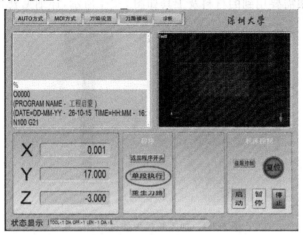

图 3-1-37　刀路模拟结果

确认无误后,点击"启动"按钮,PPCNC 将在毛坯料的表面雕刻出"工程启蒙"四个字,如图 3-1-38 所示。

图 3-1-38　雕刻加工结果

加工完成后,按下"急停"按钮,将刀具卸下。

3.2　舵机架加工

本节介绍如何加工舵机架。舵机架实物如图 3-2-1、图 3-2-2 所示。舵机架将用于装配图 3-2-3 所示的机械手。

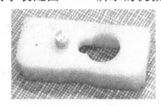  

图 3-2-1　舵机架正面　　　　图 3-2-2　舵机架背面　　　　图 3-2-3　机械手

1. 准备材料

加工舵机架需要用到的材料及工具如图 3-2-4 所示,详细见表 3-2-1。

图 3-2-4　加工舵机架的材料及工具

表 3-2-1　加工舵机架的材料工具明细表

序号	材料及工具	序号	材料及工具
1	ABS 塑料块(55 mm×40 mm×10 mm)	7	毛刷
2	1.5 mm 平底铣刀	8	吹球
3	2.5 mm 平底铣刀	9	刮片
4	12 mm 开口扳手	10	游标卡尺
5	17 mm 开口扳手	11	笔记本(用于记录相关数据)
6	纸垫	12	垫铁

2. 装夹工件

装夹工件前,先用游标卡尺测量工件厚度,如图 3-2-5 所示,将测量数据记在笔记本上。

将 1 mm 厚的纸垫放置在工件和工作台之间,如图 3-2-6 所示。用手压住工件,使工件、纸垫与 Y 轴滑台紧贴,同时用内六角扳手锁紧工件紧固螺钉,若螺钉长度不够,可在工件上放置一块垫铁,如图 3-2-6 所示。注意在装夹工件过程中,使工件、纸垫、Y 轴滑台三者保持紧密接触,不留缝隙。

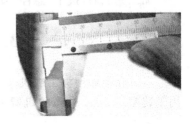

图 3-2-5　用游标卡尺测量工件厚度

在工件背面放置纸垫是因为:本工件加工过程中,刀尖将要穿透工件,加纸垫可避免刀尖切到滑台。

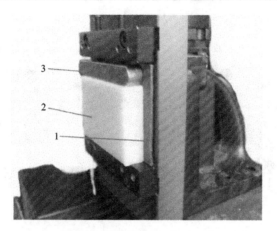

图 3-2-6　加工舵机架工件装夹

1—纸垫；2—毛坯；3—垫铁

附　游标卡尺的使用方法和有效数字简介

以下简要介绍游标卡尺的使用方法和有效数字的概念。

图 3-2-7 所示为一款常见的游标卡尺。

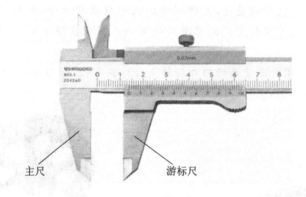

主尺　　　　　　　　游标尺

图 3-2-7　游标卡尺

游标卡尺借助游标尺的刻度将主尺的一个单位刻度(一般为 1 mm)等分为若干份,如常见的十分度尺、二十分度尺、五十分度尺等指的就是将主尺一个单位刻度进行十等分、二十等分、五十等分。

1.主尺读数

游标尺的零刻度线往左的第一根主尺刻度线的值为主尺读数,在图 3-2-8 中,主尺读数为 11 mm。

2.游标尺读数

游标尺的刻度线中与主尺刻度线对齐的一根的刻度值为游标尺读数,在图 3-2-8 中,游标尺读数为 0.64 mm。

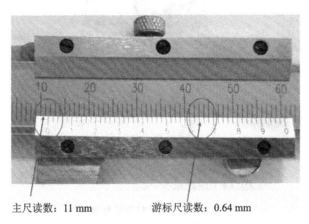

主尺读数：11 mm   游标尺读数：0.64 mm

图 3-2-8　游标卡尺的读数

3. 读数结果

读数结果为主尺读数加游标尺读数，在图 3-2-8 中，读数结果为 11.64 mm。

4. 使用游标卡尺进行实际测量

使用游标卡尺进行测量前，先将测量爪的刃口清理干净，然后将测量爪并拢，确保游标尺的零刻度线与主尺的零刻度线对齐。若两者没有对齐，则需要调校或更换游标尺。

测量外径时，用外测量爪的刃口轻轻夹住待测部位，如图 3-2-9 所示；测量内径时则使用内测量爪，如图 3-2-10 所示。

图 3-2-9　使用游标卡尺测量外径

图 3-2-10　使用游标卡尺测量内径

5. 误差和有效数字

每个物理量都有一个客观存在的值，我们称之为真值。真值可以在小数点后有无穷的位数，尽管有时这些位上的数字是零。真值是很难获得的，用仪器测量也只能获得仪器精度限制范围内的小数位。

用仪器测量某个物理量时,测量值与真值之间的偏差称为误差,即

$$误差＝测量值－真值$$

从误差所在数位算起,到测量值左边第一个非零的数字都称为有效数字。

例如,某个物体的长度测量结果为 9.85 mm,其有效数字是 3 位。若记录时以 m 为单位则结果为 0.00985 m,但有效数字依然是 3 位;如果测量结果是:9.850 mm,那么它的有效数字就是 4 位。

3.认识刀具的基本参数

铣刀的刀柄上一般会标有刀具的相关信息。例如,刀柄直径为 6 mm、刀刃直径为 1.5 mm 的平底铣刀一般会标有 1.5×6 字样,如图 3-2-11 所示。当刀柄上标着"R1""R1.5"等字样时,表明这是球头铣刀,R 后的数字表示刀刃半径,单位为毫米(mm)。

此外,刀刃长度、刀柄长度(没有切削刃的圆柱部分)和刀具总长也是铣刀的重要参数。

4.装夹刀具

按下"急停"按钮(安装或拆卸刀具时一定要先按下急停开关,这是一种安全保护),安装 1.5 mm 的平底铣刀,用扳手拧紧夹头的螺母。刀柄外伸部分约一个指宽(15 mm 左右),如图 3-2-12 所示。

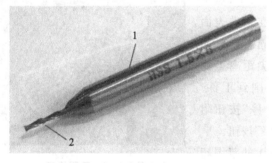

图 3-2-11　1.5×6 的平刀

1—刀柄;2—刀刃

图 3-2-12　装夹刀具

5.对刀

解除急停状态,参照图 3-1-35,完成 Z 轴对刀操作。注意,此次进行刀偏设置时,量块高度设为材料厚度加上对刀器的直径(6 mm)。例如,工件厚度若为 10.22 mm,则量块高度的输入值为:10.22 mm＋6 mm＝16.22 mm。这是因为本次加工是以工件底面作为 Z 方向工件坐标零点的。如图 3-2-13 所示,将控制界面切换到"刀偏设置"页面,在"量块高度"输入框中输入材料厚度值加上 6 之后的值,回车确认,点击"设置 Z"按钮,界面上显示的工件坐标值"Z"会更新至与量块高度一致。

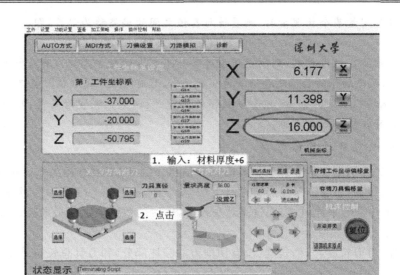

图 3-2-13　刀偏设置

6. 分步骤加工

1）范围检查

加载文件"00_舵机架范围检查.NC"，点击控制界面上的"启动"按钮，刀具将在工件表面沿着图 3-2-14 所示的轮廓移动一周。若对刀操作正确且一切正常，此时铣刀刀尖距离工件表面有约 1 mm 的距离，并不会切削到工件。在机床运动过程中，请将手放在"急停"按钮附近，若发现异常情况，及时按下"急停"按钮。

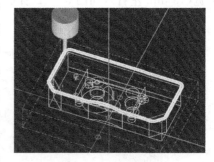

图 3-2-14　范围检查

PPCNC 工作行程较小，如果加工的范围超过了机床的工作行程，机床就会在运动到极限位置时停止工作，导致加工无法进行。我们将这种现象称为"超行程"。通过范围检查可以避免加工中途发生"超行程"的情况。为便于初学者顺利加工，我们设计了这样一个范围检查环节。

2）钻孔

完成范围检查后，加载文件"01_舵机架顶面钻孔.NC"，调节主轴调速旋钮，将主轴转速百分数调至 100%，确认无误后，准备好用于清除切屑的刮片和吹球，点击"启动"按钮，PPCNC 开始执行钻孔操作。加工过程中注意随时清除切屑，如图 3-2-15 所示。清除切屑是为了防止融化的塑料黏住刀刃。

钻孔完成后，工件如图 3-2-16 所示。

图 3-2-15　除屑

图 3-2-16　完成钻孔

3）挖槽取轴

完成钻孔加工后，按下"急停"按钮，将 1.5 mm 的平底刀卸下放好，换装 2.5 mm 平底刀。

转动"急停"按钮，使其恢复弹起状态，单击控制界面上的"复位"按钮，解除紧急状态。

重新进行对刀操作。此次对刀的量块高度仍与上一步骤相同。注意，每次更换刀具或工件，都要重新进行对刀操作。

加载文件"02_舵机架挖槽取轴.NC"，确认无误后，单击"启动"按钮。PPCNC 执行挖槽加工。在加工过程中，请及时用吹球和刮片清理切屑。

加工过程中会有一个小轴从工件上掉入集屑盒，待加工程序运行完毕后，将小轴取出放好，以备后续装配使用。

加工完成后的工件如图 3-2-17 所示。

图 3-2-17　完成挖槽，取出并保留小轴

4）外轮廓铣削

加载文件"03_舵机架铣外框.NC"，单击"启动"按钮，进行外轮廓铣削加工，加工完成后的工件如图 3-2-18 所示。

5）外轮廓铣削穿透

在工件表面没有被切削到的地方重新进行 Z 轴对刀操作，以消除此前加工中可能引入的误差。

加载文件"04_舵机架外轮廓铣削穿透.NC"，点击"启动"按钮，加工完成后的工件如图 3-2-19 所示。

图 3-2-18　外轮廓铣削

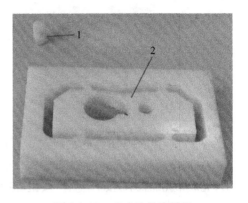

图 3-2-19　完成外轮廓铣削

1—从动臂固定轴；2—舵机架

6）侧面钻孔

舵机架外轮廓加工完毕后，还需要在其侧面钻孔，以便将其固定在车架上。

如图 3-2-20 所示，舵机架固定孔大致对称地分布在舵机架背面的中心线上，加工前要先找出舵机架背面的中心位置。找中时需要用到如图 3-2-21 所示的高度尺。找中的方法如下。

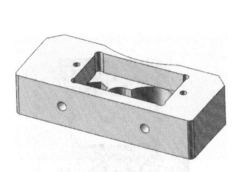

图 3-2-20　舵机架固定孔的位置

图 3-2-21　高度尺

（1）用锉刀将舵机架侧面的毛刺清理干净。

（2）如图 3-2-22 所示，将舵机架平放在平整的桌面上，用高度尺的刃口轻轻压住舵机架顶面，记录此时高度尺的读数。

（3）将高度尺的刃口高度下调到原来的一半，锁紧高度尺上的紧定螺钉，如图 3-2-23 所示，一手压住舵机架顶面，一手轻轻推动高度尺，用刃口在舵机架背面留下一道浅浅的画痕，画痕的位置就是舵机架背面厚度方向的中心线所在。

（4）将舵机架竖直放置，以同样的方法测量舵机架的宽度，如图 3-2-24（a）所示，画出舵机架背面宽度方向的中心线，如图 3-2-24(b)所示。

图 3-2-22　用高度尺测量高度

图 3-2-23　画竖直方向的中心线

(a)

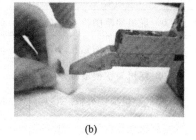

(b)

图 3-2-24　画水平方向的中心线

（5）如果画痕看不清，可以用白板黑笔或墨汁涂抹在画痕上，使十字画痕清晰可辨，如图 3-2-25 所示。

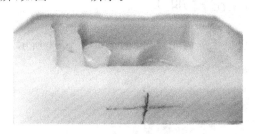

图 3-2-25　涂黑十字中心线

图 3-2-26　装夹舵机架半成品

如图 3-2-26 所示，将舵机架竖着装夹到 PPCNC 的工作台上，舵机架背面朝外。如果毛坯形状的垂直度较好，则可用铣外轮廓时剩余的边框残料作为靠板，托住舵机架，使其稳定。

在 PPCNC 上安装 1.5 mm 平底刀，以 4％的连续进给速度移动 Z 轴，使刀尖靠近工件表面。再移动 X、Y 滑台，使刀尖的中心正对着舵机架上十字画痕的中心，如图 3-2-26 所示，点击控制界面上的"X清零"按钮和"Y清零"按钮，将当前的 X、Y 位置设为机床工件坐标 X、Y 方向的零点，如图 3-2-27 所示。以 1％的连续进给速度移动 Z 轴，直到刀尖触及

图 3-2-27　零点设置

工件表面,点击"Z清零"按钮,将当前 Z 位置设为工件坐标的 Z 零点。用鼠标或键盘控制机床往 Z 正方向运动,等到刀尖离开工件表面后,再以 20% 的连续进给速度快速地往 Z 正方向移动主轴,使刀尖远离工件表面(距离约 20 mm)。

加载文件"05_舵机架侧面钻孔.NC",准备好用于清除切屑的刮片,确认无误后,点击"启动"按钮,开始进行钻孔加工。加工过程中及时清理切屑。

舵机架的全部加工步骤如表 3-2-2 所示。

表 3-2-2　舵机架的加工步骤

序号	加工文件名	刀具规格	是否需要对刀	设置量块高度/mm
1	00_舵机架范围检查.NC	1.5 mm 平底刀	是	6＋毛坯厚度值
2	01_舵机架顶面钻孔.NC	1.5 mm 平底刀	否	
3	02_舵机架挖槽取轴.NC	2.5 mm 平底刀	是	6＋毛坯厚度值
4	03_舵机架铣外框.NC	2.5 mm 平底刀	否	
5	04_舵机架外框最后一刀.NC	2.5 mm 平底刀	是	6＋毛坯厚度值
6	05_舵机架侧面钻孔.NC	1.5 mm 平底刀	是	

3.3　齿轮臂加工

本节介绍如何使用 PPCNC 加工机械手的齿轮臂,齿轮臂如图 3-3-1 所示。

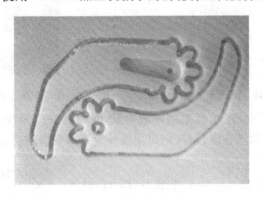

图 3-3-1　齿轮臂加工成品

1. 准备材料

加工齿轮臂需要用到的工具大部分在加工舵机架时已经用到(见表 3-2-1),不同之处在于本次加工用的毛坯料是 ABS 薄板(70 mm×50 mm×3 mm),刀具只需要用到 φ1.5 mm 的平底刀,另外需要增加一套薄板料专用夹具,该夹具由底板、压板和手拧螺钉组成,如图 3-3-2 所示。

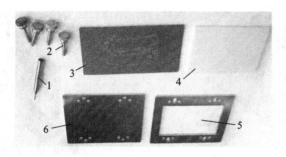

图 3-3-2　齿轮臂加工工具

1—ϕ1.5 mm 平底刀；2—手拧螺钉；3—纸垫；4—ABS薄板；5—压板；6—底板

齿轮臂需要与舵机的舵盘、舵机架的从动臂固定轴配合，相应的部分需要进行配作，加工前请准备好舵盘和加工舵机架时得到的小轴，如图 3-3-3 所示。

图 3-3-3　一字舵盘及从动臂固定轴

2.装夹工件

首先用游标卡尺测量毛坯厚度，如图 3-3-4 所示，并记录毛坯的厚度。

图 3-3-4　使用游标卡尺测量毛坯厚度

检查 PPCNC 工作台装夹块的朝向是否正确（参照图 3-1-11）。

按图 3-3-5，用手拧螺钉将底板和压板挂起，暂时不用拧紧；将其余三个手拧螺钉带上，如图 3-3-6 所示。

按图 3-3-7 装入纸垫和毛坯。

图 3-3-5　用手拧一个螺钉先挂住夹具

图 3-3-6　带上另外三个手拧螺钉

将四颗手拧螺钉锁紧,锁紧螺钉时注意四颗螺钉要呈对角交替拧紧,这样可以使毛坯受压更均匀,避免翘曲,如图 3-3-8 所示。

图 3-3-7　插入纸垫及毛坯

图 3-3-8　拧紧螺钉

3.安装刀具及对刀

安装 ϕ1.5 mm 的平底刀,依照 3.1.节介绍的步骤进行对刀操作。注意,由于工件坐标的 Z 原点设在工件底面,进行刀偏设置时,量块高度应为毛坯厚度加上 6 mm(若毛坯厚度为 3 mm,则量块高度为 9 mm),如图 3-3-9 所示。

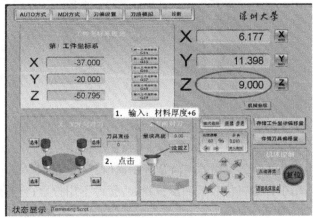

图 3-3-9　对刀操作及设置

4. 分步骤加工

1）范围检查

加载文件"00_齿轮臂范围检查.NC"，点击"启动"按钮后，刀尖将在距离工件表面约 1 mm 的高度沿加工范围移动一周。

2）挖孔挖槽

加载文件"01_齿轮臂挖槽挖孔.NC"，准备好刮片吹球等辅助工具，确认无误后，点击"启动"按钮。加工过程中注意清除切屑。

本加工步骤结束后得到的工件如图 3-3-10 所示。

图 3-3-10　挖孔挖槽加工半成品

3）挖槽精修

按下"急停"按钮，把槽内的切屑清理干净，尝试将小舵机配套的单边一字舵盘放入槽内，若舵盘能恰好放进，如图 3-3-11 所示，则进入下一步的齿形加工，否则要依照下述的方法进行精修配制。

加载文件"02_齿轮臂挖槽精修.NC"，将控制界面切换至 Auto 页面，观察 G 指令窗口，确认当前使用的刀具编号，如图 3-3-12 所示。此次使用刀具的编号是 1（T1 即 Tool 1）。

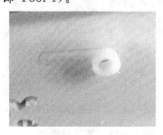

图 3-3-11　用一字舵盘检查挖槽尺寸

图 3-3-12　确认刀具编号

将控制界面切换到"刀偏设置"页面，点击"存储刀具偏移量"，在弹出的对话框中,设置当前刀具直径。将1号刀具的直径设为1.5 mm,如图 3-3-13 所示。设置完毕后,请务必点击对话框右下角的"应用"按钮,否则设置不起作用,后续加工将出错。关闭当前对话框。

图 3-3-13　设置刀具直径

解除急停状态,点击"启动"按钮,PPCNC 开始执行精修程序,刀刃在槽内将沿其轮廓运动一周,切去少许材料。等程序执行完毕,机床停止运动,按下"急停"按钮。

再尝试将舵盘放入槽内,若恰好完全放入,则将舵盘取下,进行下一步的加工。若依然不能放入,取下舵盘后,解除"急停"状态。在"存储刀具偏移量"对话框中将刀具直径改为 1.48 mm(每次设置完毕后务必点击"应用"按钮),点击"启动"按钮,PPCNC 再次对槽的边缘进行精修。机床停止运动后,检查舵盘是否能恰好放入槽内。此后每次精修均将前一次的刀具直径减小 0.02 mm,直到舵盘恰好能放入槽内为止。

4)加工齿形

加载文件"04_齿轮臂齿形加工.NC",点击"启动"按钮,进行加工,加工过程中及时用吹球或刮片清理切屑。完成齿轮臂的齿形加工,如图 3-3-14 所示。

5)加工夹持端

加载文件"06_齿轮臂夹持端加工.NC",点击"启动"按钮,完成齿轮臂加工,如图 3-3-15 所示。至此,齿轮臂加工完成。将工件拆下,取下齿轮臂,用锉刀将毛边清理干净。

图 3-3-14　加工齿形

图 3-3-15　加工夹持端

本次加工需要经历的步骤见表 3-3-1。

表 3-3-1　齿轮臂的加工步骤

序号	加工文件名	刀具规格	是否需要对刀	量块高度/mm	备注
1	00_齿轮臂范围检查.NC	1.5 mm 平底刀	是	6+毛坯厚度值	
2	01_齿轮臂挖槽挖孔.NC	1.5 mm 平底刀	否		
3	02_齿轮臂挖槽精修.NC	1.5 mm 平底刀	否		舵盘配作
4	04_齿轮臂齿形加工.NC	1.5 mm 平底刀	否		
5	06_齿轮臂夹持端加工.NC	1.5 mm 平底刀	否		

3.4　用 3D 打印机加工舵机架

前面用数控机床切削材料的加工方法加工了舵机架和机械手爪。加工过程中,毛坯的多余部分被数控机床的刀具切掉。这种在大块的材料中切除一部分获得所需零件的方法,叫作减材制造。与减材制造相对应,有一种称为增材制造的加工方法。3D 打印就是典型的增材制造方法。3D 打印的原理是将细小的原材料,利用数控系统将其按照预定的 3D 轮廓形状堆积在一起,并通过物理或化学方法,将这些细小的材料结合起来,获得所需的零件。这个制造过程可以用堆雪人来类比,只不过堆雪人没有预定的 3D 计算机模型,也没有数控铺料系统而已。

进行 3D 打印的前提条件是具有零件的三维数字模型。通常这种模型是在三维设计软件中生成的。与 3D 打印机配套的计算机软件将零件的三维数字模型按照一定的厚度进行“切片”,形成一系列的打印数据。3D 打印机按照切片数据确定空间坐标位置,将细小材料铺放在一起结合成零件。将 3D 打印出来的零件切开,放大后可见其表面呈梯田状,如图 3-4-1 所示。“切片”的厚度越小,工件表面越光滑。目前,常用的 3D 打印机的极限加工精度约为 0.1 mm。

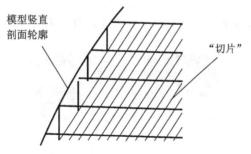

图 3-4-1　模型分层

实现 3D 打印有多种方法。常见的 3D 打印方法有以下几类:

1.熔积成形——FDM(fused deposition modeling)

将熔融状态的材料储存在喷嘴,计算机控制喷嘴在每一层“切片”的截面上运动,用材料“涂抹”出截面的形状,待其冷却后,即形成一层“切片”,然后喷嘴上移一层,继续加工。

FDM 成形一般使用熔点较低的材料,如塑料、低熔点金属等。材料通常做成管状,使用电加热器加热。

2. 选择性激光烧结——SLS(selective laser sintering)

SLS 成形使用的是粉末状原材料,如粉末状的石蜡、金属、陶瓷等。加工时先在工作台上铺设薄薄的一层粉末,然后计算机控制激光点沿该层的工件截面形状移动,激光将粉末烧结在一起,完成一层工件的"切片",然后在当前层上铺设下一层粉末,继续烧结,直到最终完成零件的加工。金属粉末在空气中容易氧化,所以金属粉末的 3D 打印通常要在受惰性气体保护的氛围中进行。

3. 立体光固化成型——SLA(stereo lithography apparatus)

SLA 成形使用的是特殊的光固化材料,如光敏树脂。特定的光固化材料在特定波长的光照下,会由液态变成固态,其成形的过程与 SLS 相似。

与切削加工相比,3D 打印技术的成形能力更强。对于 3D 打印技术而言,外形复杂的零件和简单的零件均采用切片平铺的加工方法,其加工难度基本是一样的。目前,3D 打印方法的加工精度、成本、效率、零件强度等方面还不及数控机床切削方法。

学习操作 3D 打印机比学习操作数控机床要简单得多。

下面以制作舵机架为例,介绍用 3D 打印机制作零件的过程。

不同的 3D 打印机配有不同的 3D 切片软件,操作方法不完全相同,但都大同小异。读者可以参考下列方法进行 3D 打印机操作。

首先,下载教材配套的舵机架三维模型文件"djj. stl"(创建模型的过程将在第4章介绍)。

打开切片软件,如图 3-4-2 所示。在切片软件中打开 djj. stl 文件,如图 3-4-3所示。

图 3-4-2 切片软件

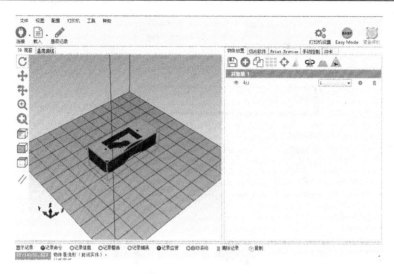

图 3-4-3 djj.stl 文件

在切片软件中选择旋转模型图标按钮 ，在"X："后面的输入框中输入 180，将模型旋转 180°，如图 3-4-4 所示。

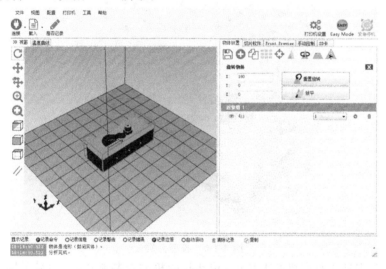

图 3-4-4 模型旋转

选择切片软件 CuraEngine，其余设置采用默认参数，如图 3-4-5 所示。点击"开始切片"图标按钮，软件会将工件切分成分层结构，如图 3-4-6 所示。点击"Save File to"图标按钮，将文件存为"djj.gcode"。将 djj.gcode 拷贝到 TF 卡中。

取出 3D 打印机，按说明书的要求，通电，在打印底板上涂胶，并正确地装好塑料丝卷，如图 3-4-7 所示。然后，用面板上的控制旋钮，执行控制菜单中的"预热打印头"指令。

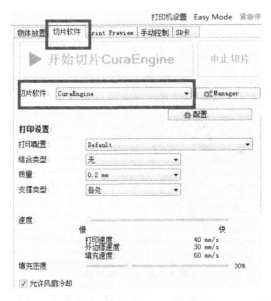

图 3-4-5　CuraEngine 软件

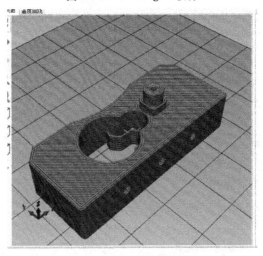

图 3-4-6　模型分层

　　将 TF 卡插入打印机的卡槽中,转动打印机的控制旋钮,选中显示屏上的"打印文件菜单",按下旋钮后,屏幕上会弹出文件名称清单,再次转动旋钮,选中 djj.gcode 文件,并按下按钮,打印机将开始自行打印舵机架零件。

　　打印后的成品如图 3-4-8 所示。成品中的凹槽内含有支架结构。这是由于凹槽是跨距较大的悬空结构,为了防止悬空部分在打印过程中受重力作用塌陷变形、破损,切片软件为这类悬空部位添加了辅助支架。打印完成后,用斜口钳将此支架除掉,如图 3-4-9 所示。

图 3-4-7　3D 打印机

图 3-4-8　打印的舵机架成品

图 3-4-9　去除支架的舵机架

在后续装配环节中,读者可在 3D 打印而成的舵机架和数控加工的舵机架中,任选一个使用。

3.5　机械手装配

本节介绍如何完成机械手的实物装配。机械手零部件之间的装配关系如图 3-5-1 所示。

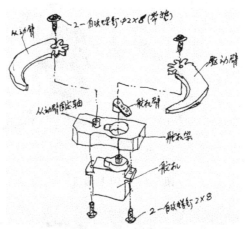

图 3-5-1　机械手零部件之间的装配关系

装配前,将图 3-5-2 所示的零件、工具准备好。

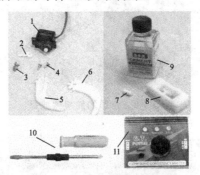

图 3-5-2　装配机械手所需工具

1—舵机;2—舵盘;3—M2×8 带垫自攻螺钉;4—M2×8 自攻螺钉;5—主动齿轮臂;6—从动齿轮臂;
7—从动臂固定轴;8—舵机架;9—ABS 胶水;10—螺丝刀;11—舵机测试器

机械手装配步骤如下。

1. 为舵机架安装固定轴

图 3-5-3 所示为从动臂固定轴的图形,轴的底部是一个棱角倒圆的四棱台,顶部则是一个有孔的圆柱。在四棱台的侧面涂抹 ABS 胶水,如图 3-5-4 所示,再将轴推入舵机架的方轴孔内,如图 3-5-5 所示。

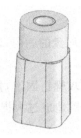

图 3-5-3　从动臂固定轴　　**图 3-5-4　给从动轴的四棱台**　　**图 3-5-5　将从动轴压入**
　　　　　　　　　　　　　　　　　　　　　　涂抹胶水　　　　　　　　　　　　　**舵机架**

2. 舵机测试及找中

本例中的舵机是摆动舵机,不能实现 $360°$ 旋转。为此,在装配时要将舵机摆动的中间位置与机械手爪的工作范围要求的中间位置重合。舵机摆动范围的中间位置可以用舵机测试器来确定。

以 G. T. Power 多功能舵机测试器为例,介绍舵机的测试及找中。舵机测试器的种类繁多,如果使用其他型号的测试器,请参照其使用说明。

图 3-5-6 所示为舵机测试器的示意图,IN 端连接的是 $4.8 \sim 6$ V 的直流电源,OUT 端连接的是舵机。请根据图中的对应关系连接好舵机、舵机测试器以及电源。

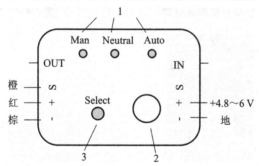

图 3-5-6　舵机测试器示意图
1—工作模式指示灯;2—旋钮;3—模式选择按钮

测试器有手动(Man)、找中(Neutral)、自动(Auto)三种工作模式。按动模式选择按钮,测试器会在三种工作模式间循环切换。

测试线路连接好后,将工作模式切换到手动,转动旋钮,舵机输出轴会跟随着转动;切换到自动模式,舵机输出轴会在正反方向极限角度之间来回转动。

确认舵机可以正常工作后,将工作模式切换到找中,舵机输出轴旋转到中位(两向极限的中间位置),然后静止。断开电源,断开舵机和测试器的连接。

3. 安装舵机

如图 3-5-7 所示,将舵机装入舵机架,用 M2×6 的自攻螺钉固定。

4.安装驱动臂

如图 3-5-8 所示,将舵盘安装到舵机的输出轴,安装时注意舵盘的朝向,以免影响机械手运动。

如图 3-5-9 所示,将驱动臂安装到舵盘上,用带垫的 M2 自攻螺钉固定,拧螺钉时尽量保持螺钉轴心与舵机输出轴轴心一致,避免对舵机输出轴造成过大损伤。

5.安装从动臂

如图 3-5-10 所示,将从动臂装入舵机架上的固定轴,注意从动臂应尽量安装在与主动臂对称的位置。

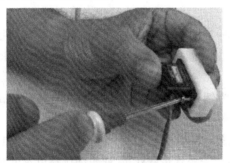

图 3-5-7　安装舵机到舵机架

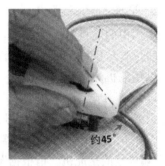

图 3-5-8　安装一字舵盘

图 3-5-9　安装驱动臂

图 3-5-10　安装从动臂

6.机械手测试

将舵机连接到舵机测试器上,如图 3-5-11(a)所示,接通测试器电源,切换到"手动"工作模式,缓慢转动旋钮,观察机械手是否能顺利合拢、张开,如图 3-5-11(b)、(c)所示,张开时用游标卡尺测量两爪内侧之间的开口尺寸,该尺寸应大于 89 mm。如果运动不顺畅,请检查齿轮部分是否有毛刺或切屑等异物,如果间隙过大,则需要松开固定舵机的螺钉,左右移动舵机来适当调整两个齿轮的中心距离,直至合适为止。

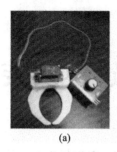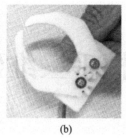

(a)　　　　(b)　　　　(c)

图 3-5-11　机械手开合测试

7. 徒手绘制装配示意图

装配示意图用于说明零件之间的装配关系。

图 3-5-1 所示的是一幅手绘的机械手装配示意图。请初学者参考该图,结合机械手实物的装配过程,尝试徒手绘制装配示意图。这种训练有助于提高空间想象能力和快速记录、表达设计思想的能力。

后续的学习中,我们还将学习使用三维设计软件绘制类似的图形。

扫一扫,获取本章资源

第4章 机械手三维建模及装配

手绘图具有简单、快速和直观的优点,但不够精确、不方便修改。计算机绘图软件能弥补这些不足。

本章将学习使用 SolidWorks 来完成智能小车的机械手各零部件建模及机械手整体装配。机械手的完整模型如图 4-0-1 所示。

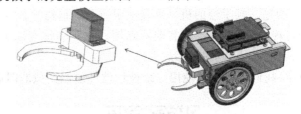

图 4-0-1　智能小车的机械手模块

如图 4-0-2 所示,机械手的零部件包括:舵机,舵机架,舵盘,从动臂固定轴,从动臂,驱动臂,M2×8 自攻螺钉,带垫 M2×8 自攻螺钉。

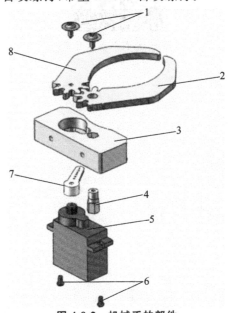

图 4-0-2　机械手的部件

1—M2×8 自攻螺钉(带垫);2—从动臂;3—舵机架;4—从动臂固定轴;
5—舵机;6— M2×8 自攻螺钉;7—舵盘;8—驱动臂

下面将详细地描述舵机架建模过程,让读者学习 SolidWorks 建模的一般技巧,机械手的其余零部件则只简略地介绍测绘尺寸和建模过程,读者可根据自身需要,选择参考书中的内容自主完成其余零部件建模或直接调用配套光盘的模型。

4.1　SolidWorks 入门

目前,业界常用的计算机辅助设计软件有 CAXA,SolidWorks,Pro/E,UG,Solid Edge,CATIA,Autodesk Inventor 等,本书选用 SolidWorks 进行相关案例的建模。其他软件的操作使用方法可能略有差别,但建模方法类似。读者如无 SolidWorks 软件资源,可结合不同软件的教程及本书的零件尺寸进行建模。

1. SolidWorks 界面

打开 SolidWorks 软件,默认的操作界面如图 4-1-1 所示,主要的功能布局为菜单栏、工具栏、特征管理器和工作区。

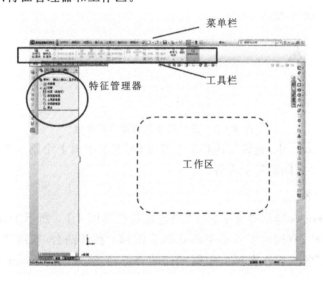

图 4-1-1　SolidWorks 的操作界面

2. 鼠标的使用

如表 4-1-1 所示,在 SolidWorks 中,常用的鼠标操作方式有:单(点)击鼠标左键,单(点)击鼠标右键,按住鼠标右键拖动,单击滚轮键,滚动滚轮键,按住滚轮键拖动等。

三维建模软件引入了三维旋转的操作,任意打开一个零件,尝试按住滚轮键然后向左右拖动,零件将会以三维的方式立体旋转,其余的左右键操作跟一般软件大同小异。读者可参阅"帮助"中的教程,了解更多操作方式。

表 4-1-1   SolidWorks 的鼠标操作方式

功　　能	鼠标操作方式
选择	单击左键
拖动零件	按住左键移动鼠标
快捷属性	单击右键
缩放	滚动滚轮
三维旋转	按住滚轮键拖动鼠标

3.三个基准面

按住键盘的"Ctrl"键,依次选择特征管理器中的"前视基准面""上视基准面"和"右视基准面",点击鼠标右键,弹出功能列表,点击显示/隐藏按钮 ,可以选择在工作区显示或隐藏三个基准面,如图 4-1-2 所示。

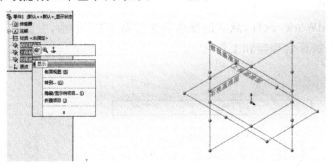

图 4-1-2   三个基准面的显示与隐藏

在 SolidWorks 中,通常要选择一个基准面,在基准面上绘制二维的草图,根据草图构建出三维空间的复杂零件。

4.特征功能

在 SolidWorks 操作界面上方是"快速工具栏",图 4-1-3 所示的是快速工具栏中的特征工具栏,有构建零件常用的功能按钮,如"拉伸凸台/基体""旋转凸台/基体""拉伸切除"等。操作者可以根据零件的外形,熟练地应用不同的特征功能,简化建模过程。

图 4-1-3   特征工具栏

5.草图功能

在创建特征时,需要在特征的某个基准面上绘制相应的图形,用来定义零件在该视图方向上的形状。点击快速工具栏中的"草图",可以在快速工具栏中显示草图类

的操作按钮,常用的按钮如图 4-1-4 所示。将光标停留在对应的图形上,SolidWorks
的界面将弹出该按钮的功能提示。

图 4-1-4　草图工具栏

表 4-1-2 罗列了几个常用的图形按钮及其对应的功能。

表 4-1-2　常用的草图绘制工具

图　　形	功　　能
＼	绘制直线
□	绘制矩形
⊙	绘制圆
⌒	绘制圆弧

如果点击功能按钮旁的箭头"□·",可以发现隐藏
的功能按钮。如点击矩形功能按钮旁的箭头,将会弹
出各种四边形的按钮,如图 4-1-5 所示。

在后续内容中,将通过几个实例来学习 SolidWorks 的
建模过程。

图 4-1-5　更多草图工具

4.2　零部件测绘及使用 SolidWorks 进行三维建模

4.2.1　舵机架测绘

本节简要介绍徒手绘图并进行舵机架的测绘。

徒手绘图类似于速写,仅需要一支笔、一张纸和一个比较平整的垫板,是表达
设计思想、记录物体形状的一种简单有效的方式。即使在具有手绘功能的平板计
算机已经相当普及的今天,徒手绘图仍因其具有方便、灵活、即时等优点而备受工
程师青睐。

徒手绘图并不难学,一般人经过适当的练习,基本可以在短时间内掌握简单零
件的绘制规律。训练手绘能力的一个有效的方法是,将形状简单的物体放在玻璃
后面,用肉眼隔着玻璃观察物体的轮廓,用水笔在玻璃上描绘物体轮廓线条,反复
进行练习,然后尝试去掉玻璃,直接用肉眼观察实体,在纸上绘制物体轮廓。对于
结构复杂细节繁多的物体,手绘时要注意先主后次,先绘出主要轮廓,然后在主要
轮廓的内部添加细节。

下面以通过 PPCNC 加工获得的舵机架为例，介绍分步骤徒手绘制立体图形的方法。

（1）肉眼观察舵机架，徒手绘制舵机架的外轮廓，如图 4-2-1 所示。

（2）添加凹槽和通孔，如图 4-2-2 所示。

（3）添加尺寸线。

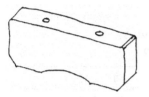

图 4-2-1　手绘舵机架外轮廓

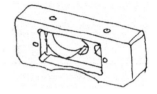

图 4-2-2　手绘舵机架凹槽及通孔

完成轮廓图形绘制后，还要绘制出主要的尺寸线。初学者在徒手绘图时，往往会把图画得比较小，以致没有足够的空间用于标注尺寸。因此，建议读者在绘制图形时，尽量把图画得舒展一些，在纸面上留出足够的空白，以便于后续的尺寸标注或添加文字说明。

（4）用游标卡尺测量舵机架的尺寸，记录到对应的尺寸线上，完善细节处的尺寸标注，参见图 4-2-3 及图 4-2-4。

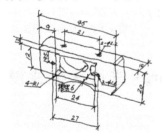

图 4-2-3　标注舵机架尺寸

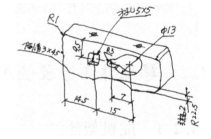

图 4-2-4　完善细节处的尺寸标注

4.2.2　舵机架建模

本节以舵机架测绘的图样和尺寸为依据，通过舵机架的建模，来介绍 Solid-Works 建模的基本过程。

舵机架的实物如图 4-2-5 所示。

舵机架的建模步骤如下。

步骤 1　新建三维（3D）零件设计。

打开 SolidWorks 软件，选择菜单栏中的"文件"→"新建"→"零件"→"确定"（也可以直接点击按钮□，选择▧），开始
3D 零件的设计，如图 4-2-6 所示。

图 4-2-5　舵机架

图 4-2-6　新建零件设计

步骤 2　定义绘图标准。

选择菜单栏中的"工具"→"选项(p)"→"文档属性"→绘图标准→总绘图标准→GB →"确定",确保建模时使用的是中华人民共和国国家标准(GB),如图 4-2-7 所示。

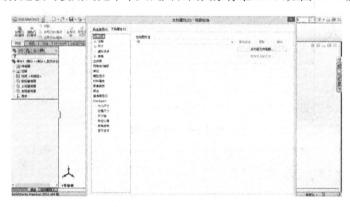

图 4-2-7　定义绘图标准

步骤 3　创建草图,绘制矩形。

单击"前视基准面"→草图绘制按钮 ,如图 4-2-8 所示。

使用中心矩形绘制按钮 ,将矩形的中心选为原点,并用智能尺寸按钮 定义矩形的长为 45,宽为 19(见图 4-2-9)。

绘制完成后,点击工作区右上角的按钮 ,退出草图绘制模式。

步骤 4　创建长方体。

在特征编辑器中单击选择刚创建完成的"草图 1",点击快速工具栏中的"特征",然后点击"拉伸凸台/基体"按钮 ,在左侧弹出的凸台拉伸属性管理器中选择终止条件为"给定深度",在深度输入框中输入"10.00"(见图 4-2-10)。

点击确定按钮 ,完成长宽高为 $45 \times 19 \times 10$ 长方体的创建。

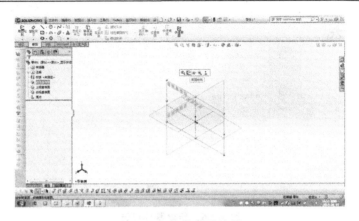

图 4-2-8 开始草图绘制

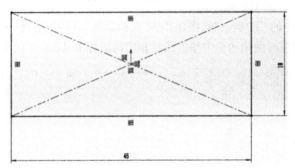

图 4-2-9 绘图矩形

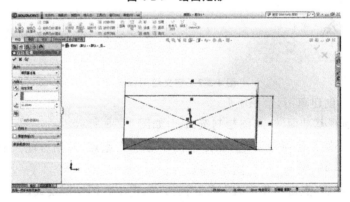

图 4-2-10 创建长方体

步骤 5 创建装配舵机的凹槽。

单击特征工具栏中的"拉伸切除"按钮 ，选择长方体的上表面（45×19 的矩形面）为绘图基准面，单击工作区上方的"正视于"按钮 ，使视图平面与绘图平面方向一致（见图 4-2-11）。

小提示：点击零件的某个表面，SolidWorks 会弹出一个快捷功能按钮栏，里面有"绘制草图""正视于""编辑特征"等常用功能按钮(见图 4-2-12)。点击按钮□绘制矩形,用智能尺寸 🖉 的功能为新绘制的矩形添加尺寸,如图 4-2-13 所示。

图 4-2-11　正视于基准面

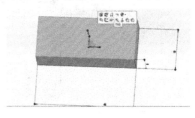

图 4-2-12　快捷功能栏

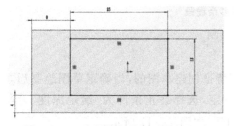

图 4-2-13　为新绘制的矩形添加尺寸

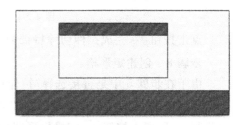

图 4-2-14　矩形挖槽后的形状

步骤 6　在矩形槽的四个角上绘制圆形避空位。

经过第 3 章的加工体验,读者应该已经了解到,由于刀具是圆柱形,挖槽加工矩形时,边角处有铣刀无法触及的地方,会留下内圆角,形成圆角卯结构,如图 4-2-14 所示。这些内圆角的卯用来与矩形的榫装配(舵机的外轮廓就可以视为榫),在四个角上就会形成装配干涉;因此,须在卯的四个角上设计一些避空结构,让圆形铣刀加工出足够容纳舵机四个尖角的空位出来,避免产生装配干涉,以满足后期的装配要求。

如图 4-2-15 所示,在矩形的四个直角处绘制 4 个直径为 $\phi 2$ mm 的圆,圆心至两边的距离均为 0.7 mm。

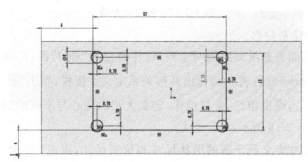

图 4-2-15　绘制圆形避空位

步骤 7　剪裁多余的线段。

选取草图菜单栏中的"剪裁实体"按钮 ⚡ ,在弹出的选项框中选择剪裁到最近端按钮 🕂 ,然后选取所要剪裁的线段,得到的结果如图 4-2-16 所示。

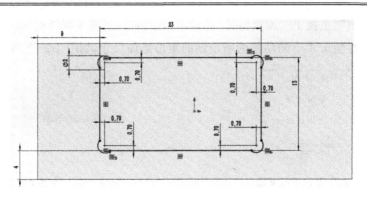

图 4-2-16 剪裁多余线段

点击按钮 ✓,完成拉伸切除特征的草图绘制。

步骤 8 创建矩形槽。

由于在步骤 5 中是直接选择"拉伸切除"特征创建草图的,当确定草图绘制后,SolidWorks 将直接跳转到拉伸切除的条件设定,选择终止条件为"给定深度",深度为"5.00",点击按钮 ✓,完成矩形凹槽的创建,如图 4-2-17 所示。

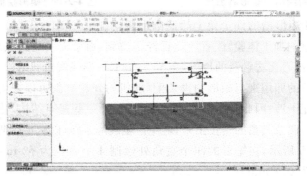

图 4-2-17 创建矩形槽

步骤 9 创建避空槽。

以矩形槽底面为基准面绘制两个圆,按住键盘的"Ctrl"键,选择大圆及矩形的上边线,SolidWorks 软件将自动弹出几何关系定义快捷栏,单击"相切"按钮 ⚬,定义圆与矩形的下边线也相切,重复操作,定义大圆的圆心与小圆的圆心的几何关系为"水平",如图 4-2-18 所示。

使用智能尺寸定义两个圆的形状尺寸和位置尺寸,点击"直线"按钮 ＼,绘制直线连接大圆和小圆,最后使用"剪裁实体"功能剪裁掉多余线段,完成草图的绘制,如图 4-2-19 所示。

步骤 10 创建贯穿的舵机凸台避空槽。

选择步骤 9 中绘制完成的草图,点击特征栏中的"拉伸切除"按钮 ▦,终止条件为"完全贯穿",点击按钮 ✅ ,完成切除,如图 4-2-20 所示。

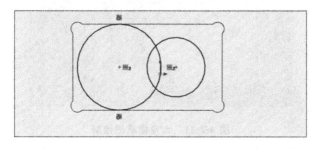

图 4-2-18　创建避空槽

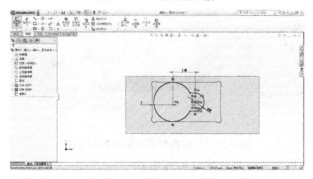

图 4-2-19　舵机凸台避空槽草图

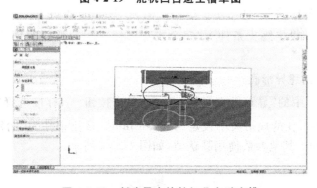

图 4-2-20　创建贯穿的舵机凸台避空槽

步骤 11　创建带起模斜度的四方孔。

以矩形槽底面为基准面,点击草图功能栏中的"中心矩形"按钮 ▢ ,绘制正方形,定义正方形的右边与矩形槽的右边重合,正方形的中心在两圆心连成的中心线上,正方形边长为 5.0 mm,然后使用"圆角"按钮 ⌐ ,定义四个角为"R1.25",如图 4-2-21 所示,点击按钮 ⤷ 完成草图绘制。

点击"拉伸切除"按钮 ⬆ ,设定终止条件为"完全贯穿",点击"拔模"按钮 ▦ ,设定拔模斜度为 1.5°,起模方向垂直于矩形凹槽面向下,点击按钮 ✅ ,完成创建(见图 4-2-22)。

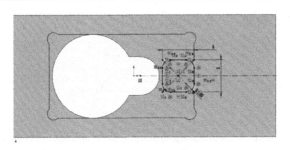

图 4-2-21 六角槽草图绘制

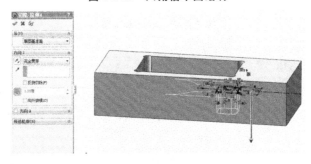

图 4-2-22 创建带拔模斜度的六角槽

步骤 12 创建与搬运物块配合的弧面。

以长方体上表面为基准面绘制圆,使用智能尺寸定义圆的直径为 45 mm,圆心在矩形的竖直对称轴上,且与矩形中心距离为 30 mm,如图 4-2-23 所示,点击"拉伸切除"按钮 ,设定终止条件为"完全贯穿",完成配合弧面的创建,如图 4-2-24 所示。

步骤 13 创建异形孔。

单击特征栏中的"异形孔向导"按钮 ,单击按钮 ,标准选择"Gb",类型设定为"钻孔大小",孔的规格大小设定为"ϕ1.6 mm",终止条件为"给定深度",深度设定为 6.00 mm,其他参数使用默认值,如图 4-2-25 所示。

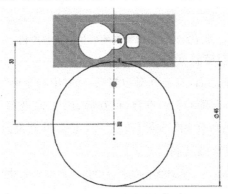

图 4-2-23 配合圆弧草图

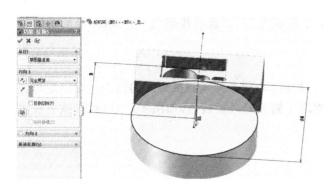

图 4-2-24　配合弧面的创建

图 4-2-25　异形孔属性设置

点击类型设置旁的"位置"标签,选择长方体上表面为基准面,单击添加孔的位置,如图 4-2-26 所示。

图 4-2-26　异形孔的绘制

使用智能尺寸功能添加孔的位置关系,距离内矩形槽的两边为"2",距离长方体下边为"9.50",如图 4-2-27 所示,点击按钮 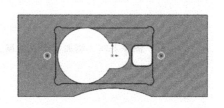 完成异形孔创建。

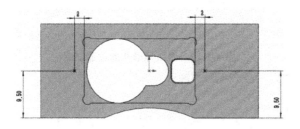

图 4-2-27　异形孔的位置限制

步骤 14　创建侧面孔。

单击特征栏中的"异形孔向导"按钮 ,单击按钮 ,标准选择"Gb",类型为"钻孔大小",孔的规格大小为 φ2.2 mm,终止条件为给定深度,深度设定为 3.00 mm,其他参数使用默认值(见图 4-2-28)。

选择长方体的上侧表面为参考基准面,定义孔的位置尺寸关系为:距离左边线

"12"，两孔中心距为"21"，距离下边线为"5"。点击按钮 ![] 完成侧面异形孔的创建，如图 4-2-29 所示。

步骤 15 创建倒角。

点击特征栏中的"倒角特征"按钮 ![]（留意圆角特征下方的箭头），设定距离为"3.00"，角度为"45.00"，然后选取下侧面的两条棱边，如图 4-2-30 所示，点击按钮 ![] 完成倒角创建。

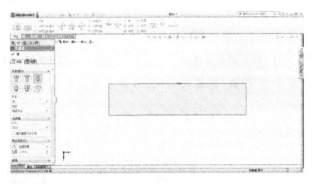

图 4-2-28 侧面异形孔的属性设置

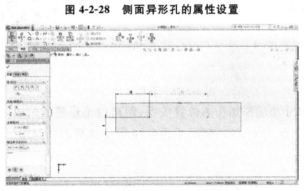

图 4-2-29 侧面异形孔的位置限制

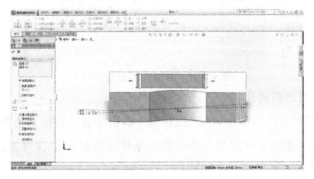

图 4-2-30 创建倒角

步骤 16　创建圆角。

点击特征栏中的"圆角特征"按钮 ，设定圆角类型为"等半径"，半径为1.00 mm，选取线上侧面的两条棱边，点击按钮 ✅ 完成圆角创建，如图 4-2-31 所示。

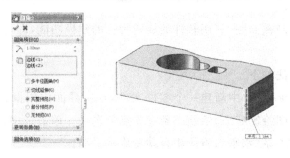

图 4-2-31　创建圆角

步骤 17　为舵机架添加颜色。

点击工作区上方的"编辑颜色"按钮 ⬤，选取整个零件，设定为"光亮"，RGB 颜色的红色成分和绿色成分都为 255，蓝色成分为 167，点击按钮 ✅ 完成颜色设置，如图 4-2-32 所示。

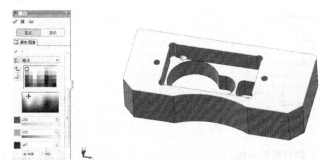

图 4-2-32　颜色设置

至此，舵机架的创建完成，点击菜单栏中的"保存"按钮 🖫，零件名为"舵机架"。

通过舵机架的建模例子，读者已经掌握了 SolidWorks 各种常用的特征功能，如"拉伸凸台""拉伸切除""异形孔""倒角""圆角"，掌握了各种常用的草图功能，如"直线""四边形""圆""多边形"等，掌握了使用"智能尺寸"和"尺寸关系"来定义草图的形状和位置。

4.2.3　轮毂建模

舵机架建模（4.2.2 节）主要使用了"拉伸凸台"和"拉伸切除"功能，本节通过轮毂建模的例子，介绍如何使用"旋转凸台"功能进行回转体建模。

轮毂的主体可以看做是一个将图 4-2-33 所示的截面,绕图中的中心线回转360°而形成的回转体。在草稿纸上徒手绘制轮毂截面的图形,用游标卡尺测量实物,获得相关尺寸并标注在图中,即获得建模所需的相关参数。有了这张草图就可以开始建模了。

在软件中绘制截面图,利用软件的旋转特征的建模功能,即可获得轮毂主体的3D 模型。

具体操作方法如下。

在 SolidWorks 软件中新建一个零件文件,在主界面中用鼠标左键双击"右视基准面",进入草图绘制状态,绘制一条过原点的直线。单击选中该直线,在属性管理器中添加几何关系"水平",直线将自动变成水平线。

勾选"作为构造线"选项,如图 4-2-34 所示。所谓构造线,可以理解为建模过程中的辅助线,该构造线将作为回转体的转轴。

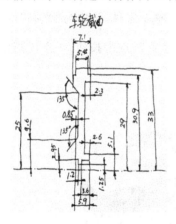

图 4-2-33　轮毂截面草图

图 4-2-34　设置直线属性

然后在草图中绘制轮毂的横截面,如图 4-2-35 所示。

在特征工具栏中,单击"旋转凸台"按钮 ,在弹出的旋转属性管理器中,选择草图中的构造线,旋转角度设置为360°。单击确定后,得到图 4-2-36 所示的旋转凸台基体。

选择轮毂的一个侧面,进入草图绘制状态,绘制如图 4-2-37 所示的椭圆,椭圆的长轴为 11.5 mm,短轴为 8.12 mm,椭圆中心距离轮毂中心 18 mm。

在草图工具栏中选择"圆周草图阵列"按钮 ,在圆周阵列属性管理器中,选择旋转轴为原点,旋转个数为 8 个,在"要阵列的实体"标签页中选择上一步绘制的椭圆,如图 4-2-38 所示,得到的结果如图 4-2-39 所示。

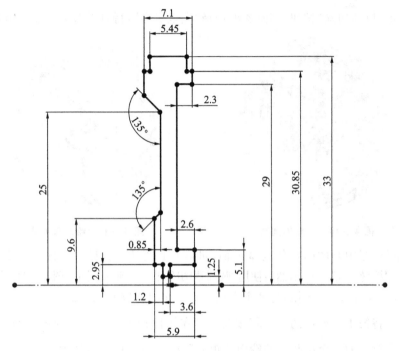

图 4-2-35 绘制轮毂截面形状

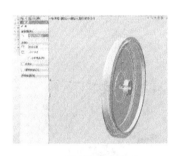

图 4-2-36 轮毂基体

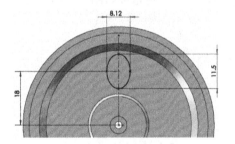

图 4-2-37 绘制椭圆

图 4-2-38 圆周阵列属性

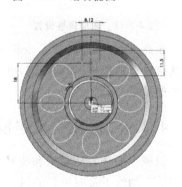

图 4-2-39 草图阵列预览

单击"拉伸切除"按钮,切除深度选择"完全贯穿",得到轮毂如图 4-2-40 所示。

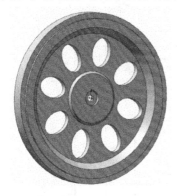 

图 4-2-40　切除椭圆孔　　　　　图 4-2-41　绘制阵列圆

选择轮毂中心的凸台作为基准面,进入草图绘制,绘制一个直径为 2 mm 的圆,圆心距轮毂中心 7 mm,然后使用"圆周草图阵列",得到 8 个圆如图 4-2-41 所示。

点击"拉伸凸台"按钮,将 8 个直径为 2 mm 的圆拉伸 0.1 mm。

点击特征工具栏中的"圆顶"按钮，在属性管理器中,"到圆顶的面"一项选择上一步拉伸的 8 个小凸台的端面,"距离"设置为 0.50 mm,如图 4-2-42 所示。单击"确定"后,得到轮毂如图 4-2-43 所示。

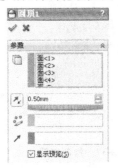 

图 4-2-42　圆顶属性设置　　　　　图 4-2-43　轮毂

至此,读者已经具备了 SolidWorks 三维建模的基本技能,本书后续部分将简化建模过程的描述,如有疑问,可以参考 SolidWorks 软件中的"帮助"功能或参考相关的书籍。

4.2.4　机械手爪建模

机械手爪分为从动爪和驱动爪,如图 4-2-44 和图 4-2-45 所示。为方便建模,我们手工测绘了带有齿轮的机械手臂,这些测绘图中的尺寸是本节建模的重要参数,如图 4-2-46 和图 4-2-47 所示。

图 4-2-44　从动爪实物

图 4-2-45　驱动爪实物

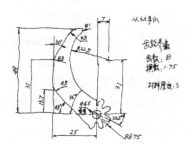

图 4-2-46　从动爪尺寸

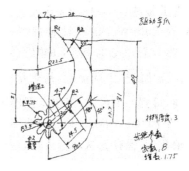

图 4-2-47　驱动爪尺寸

　　智能小车的机械手中采用了齿轮传动方式来控制机械手臂的开合,创建驱动臂和从动臂时需要创建出齿轮的渐开线外形,使齿轮臂的开合动作更平顺。

　　齿轮建模的方法比较多,以下介绍如何使用齿轮建模专用软件 Gear Trax 2012C 生成齿轮。使用 Gear Trax 2012C 生成齿轮的齿形轮廓,再利用该齿形在 SolidWorks 中创建齿形及手臂。

1. 使用 Gear Trax 2012C 创建齿轮

　　打开 Gear Trax 2012C,选择"直齿轮/斜齿轮",节距数据选择"模数节距",如图 4-2-48 所示。

图 4-2-48　使用 Gear Trax 2012C 创建齿轮

使用模数来创建齿轮,齿轮模数的相关内容请参考《机械原理》等教材。

设定齿轮模数为 1.75,大小齿轮齿数都为 8,其他参数使用默认,点击创建,软件将自动调用 Solid-Works 2012,出现图 4-2-49 的提示框,点击确定,在 SolidWorks 2012 中生成机械手臂的齿形。

2.从动臂齿轮

由于通过 Gear Trax 2012C 生成的是齿轮的单个齿廓,在 SolidWorks 特征管理器中单击"Tooth-Cut "大节距",渐开线 20 度"下的"齿形-草图;侧隙",在弹出的快捷功能栏中选择 🔁 编辑草图,使用 🧩 进行圆

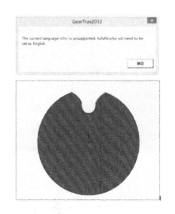

图 4-2-49　在 SolidWorks 中
生成齿形轮廓

周阵列,得到 8 个齿廓,退出草图即可生成 8 个齿形;编辑"1.75 模数,14.0000 mm P. D. "下的"Gear-BaseSketch"草图(见图 4-2-50),绘制"ϕ4.5 mm"的圆,退出草图生成轴孔,并保存为从动臂齿轮,建模步骤如图 4-2-51 所示。

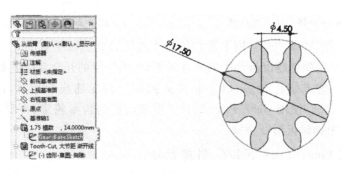

图 4-2-50　编辑齿轮草图

3.驱动臂齿轮

由于驱动臂齿轮与从动臂齿轮相啮合,两个齿轮臂的齿轮模数都是 1.75,齿数都是 8,每个齿的相对角度为 45°,所以要将生成的齿轮旋转 22.5°,仍旧通过 Gear Trax 2012C 生成齿轮,模数为 1.75,齿数为 8;先将齿轮齿廓旋转 22.5°,然后利用"圆周阵列"功能得到 8 个齿轮侧隙,生成齿轮,并保存为驱动臂齿轮。驱动臂齿轮建模步骤如图 4-2-52 所示。

4.齿轮臂的三维建模

用 SolidWorks 打开之前建立的从动臂齿轮文件,以齿轮上表面为基准面,绘制草图(见图 4-2-53),使用"拉伸凸台"功能,厚度为 3 mm,最后添加圆角(见图 4-2-54),得到从动臂模型,如图 4-2-55 所示。建模完毕后请及时保存。

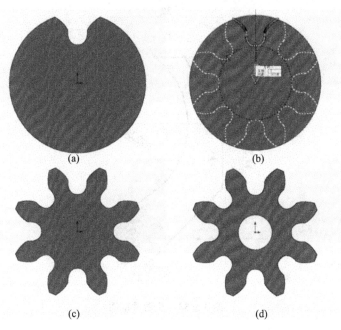

(a)　　　　　　　　　　　　(b)

(c)　　　　　　　　　　　　(d)

图 4-2-51　从动臂齿轮建模步骤

（a）生成齿轮齿廓；（b）圆周阵列；（c）生成齿轮；（d）生成轴孔

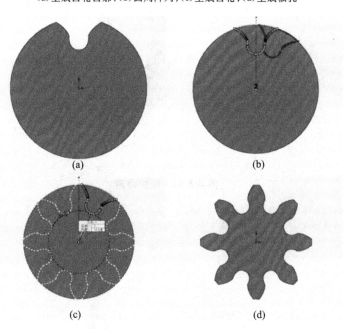

(a)　　　　　　　　　　　　(b)

(c)　　　　　　　　　　　　(d)

图 4-2-52　驱动臂齿轮建模步骤

（a）生成齿轮齿廓；（b）旋转角度；（c）圆周阵列；（d）生成齿轮

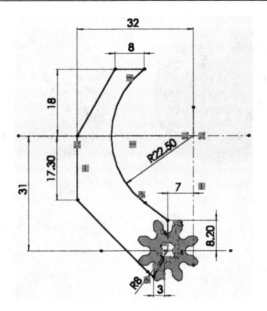

图 4-2-53　从动臂草图

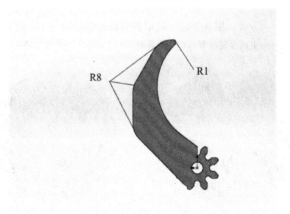

图 4-2-54　添加圆角

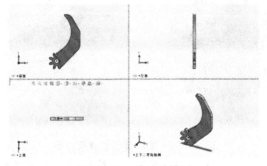

图 4-2-55　从动臂模型

同理,用 SolidWorks 打开之前建立的驱动臂齿轮文件,然后绘制草图,如图 4-2-56 所示,再拉伸凸台,厚度设置为"3.00",最后添加圆角(见图 4-2-57)。

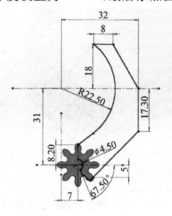

图 4-2-56　驱动臂草图

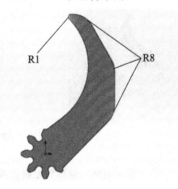

图 4-2-57　添加圆角

舵机输出轴上的一字舵盘通过带动驱动臂使机械手臂转动,如图 4-2-58 所示,因此驱动臂上需要创建一个插入一字舵盘的槽。

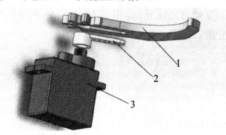

图 4-2-58　驱动臂的安装

1—驱动臂;2——字舵盘;3—TOWER PRO SG90 舵机

根据对舵盘的测量,绘制如图 4-2-59 所示的草图,拉伸切除深度设置为 1.20 mm。最后创建 $\phi 2.00$ mm 的通孔,得到有舵盘安装槽的驱动臂,如图 4-2-60 所示。

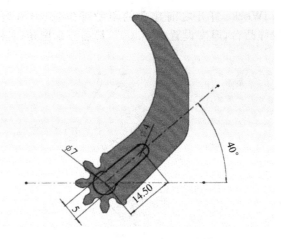

图 4-2-59　驱动臂的舵盘安装槽

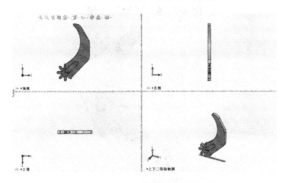

图 4-2-60　驱动臂建模结果

4.2.5　一字舵盘的测绘及建模

参考图 4-2-61,用 SolidWorks 的"拉伸凸台"或"旋转"功能绘制出圆筒,然后绘制一字舵盘的草图,拉伸 1.20 mm,用草图线性阵列 $\phi 1.00$ mm 圆,拉伸切除出整列圆孔,得到一字舵盘,如图 4-2-62 所示。

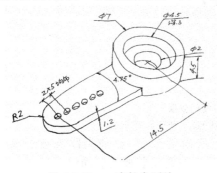

图 4-2-61　一字舵盘测绘

图 4-2-62　一字舵盘建模结果

4.2.6　从动臂固定轴测绘及建模

舵机通过一字舵盘直接带动驱动臂转动,而从动臂需由驱动臂的齿轮带动,故需设计一个安装从动臂的固定轴。固定轴的设计如图 4-2-63 所示,通过"拉伸凸台""异形孔""拔模"等功能完成建模。完成后的模型如图 4-2-64 所示。

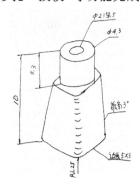

图 4-2-63　从动臂固定轴测绘

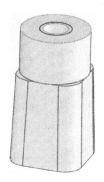

图 4-2-64　从动臂固定轴建模结果

4.2.7　舵机测绘及建模

本例中,使用 Tower PRO SG90 舵机来驱动机械手爪作业。徒手绘制舵机的外形,使用游标卡尺测量出舵机各主要几何形体的尺寸。测绘结果如图 4-2-65 所示。

舵机建模结果如图 4-2-66 所示,读者可根据图形创建出模型,也可直接从本书附带的文件中直接调用。

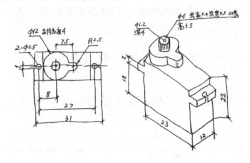

图 4-2-65　舵机测绘图

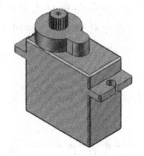

图 4-2-66　舵机建模结果

4.3　制作装配体

经过前面章节的建模学习,读者已经了解如何使用 SolidWorks 创建机械手爪所有的零件模型,本节将学习如何把这些单独的零件装配成一个整体。

4.3.1　新建装配体文件

打开 SolidWorks 操作界面,点击"新建"按钮 ，在弹出的对话框选择新建"装配体"按钮 ，点击"确定"按钮开始创建装配体,如图 4-3-1 所示。

图 4-3-1　新建装配体文件

4.3.2　零件的插入

在 SolidWorks 操作界面左侧会自动弹出"开始装配体"操作栏,如图 4-3-2 所示。点击"浏览",在自己保存模型文件的目录中选择"舵机"的 SolidWorks 零件模型,然后在工作区单击,舵机零件就成功放置。

为了使后期视图的方向与预期的方向一致,需要将舵机的视图方向调整至所需方向。

用鼠标右键点击特征管理器中的"零部件(舵机)",选择"浮动",如图 4-3-3 所示。

点击"配合"按钮 ，选择"装配体的前视基准面"及"舵机的上视基准面",SolidWorks 将自动形成"重合"配合(见图 4-3-4),点击按钮 确认。

重复操作,定义"装配体的右视基准面"与"舵机的右视基准面"重合,如图 4-3-5 所示;定义"装配图的上视基准面"与"舵机的前视基准面"重合,如图 4-3-6 所示。

最后结果的正等轴测图如图 4-3-7 所示,如果不一致,请调整视图的选择及 ，配合对齐的正反向。

图 4-3-2 插入零件

图 4-3-3 把零部件设置为浮动

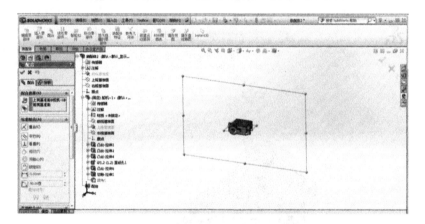

图 4-3-4 装配体前视基准面与舵机上视基准面重合

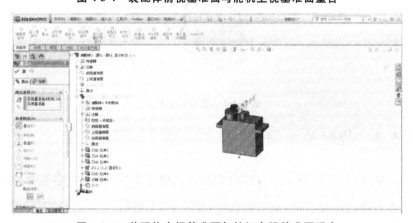

图 4-3-5 装配体右视基准面与舵机右视基准面重合

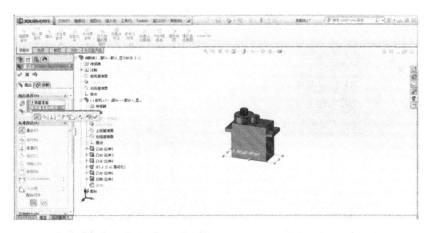

图 4-3-6　装配体上视基准面与舵机前视基准面重合

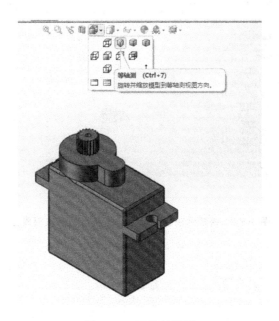

图 4-3-7　正等轴测图

4.3.3　装配关系简介

点击"插入零件"按钮 ，在弹出的对话框中点击"浏览"按钮，选择舵机架零件，在工作区单击鼠标右键，插入舵机架，如图 4-3-8 所示。

此时，舵机与舵机架没有配合约束，舵机架处于*游离状态*，可以用鼠标拖动舵

机架向任意方向移动,需要给它们添加装配关系,把两个零件装配到一起。点击
"配合"按钮 🔧,工作区左侧弹出配合属性设置栏,如图 4-3-9 所示。

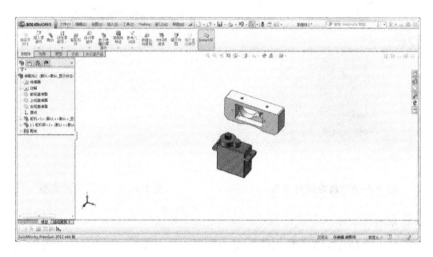

图 4-3-8　插入舵机架

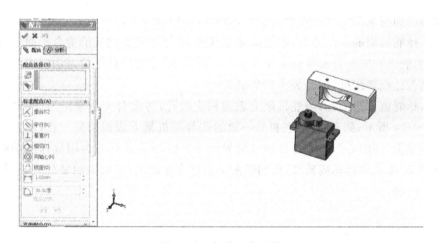

图 4-3-9　标准配合设置

查看配合属性设置栏,常用的标准配合的类型包含重合、平行、垂直、相切、同
轴心、锁定、距离、角度。往下查看,高级配合的类型包含对称、宽度、路径配合、线
性、线性耦合、距离限定、角度限定,如图 4-3-10 所示。机械配合的类型包含凸轮、
铰链、齿轮、齿条小齿轮、螺旋、万向节,如图 4-3-11 所示。

配合的作用与配合的名称字面意思一致,根据零件工作时的相互关系,确定配
合关系。

图 4-3-10　高级配合类型　　　　图 4-3-11　机械配合类型

1.装配舵机架

如图 4-3-12 所示,选择舵机任一侧边的法兰上表面与舵机架的上表面,单击标准配合中的"重合"按钮 ,点击 确认配合。SolidWorks 将自动把舵机架的上表面移动到与舵机法兰面重合的位置,如图 4-3-13 所示。

选择舵机架的一个侧面,按住鼠标左键拖动,可以使舵机架沿重合平面任意移动,说明舵机架的配合关系仍未完全定义。设计中,常常用这样的方法检查某一零部件是否已经装配好(配合关系完全定义)。

选择舵机一边的孔,与舵机架上表面相应的孔,将配合关系设定为"同轴心",如图 4-3-14 所示;同理,选择舵机另一边的孔与舵机架上表面的另一孔,配合关系同样设定为"同轴心",得到最终的结果如图 4-3-15 所示。此时再用鼠标拖动舵机架,舵机架将无法移动或转动,说明装配关系已完全定义,舵机架的装配完成,如图 4-3-16 所示。

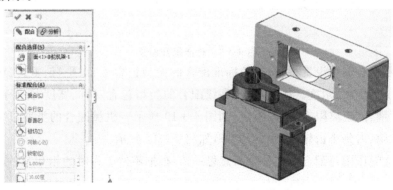

图 4-3-12　装配面重合配合

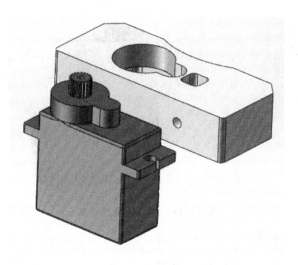

图 4-3-13　重合定义后零件的位置关系

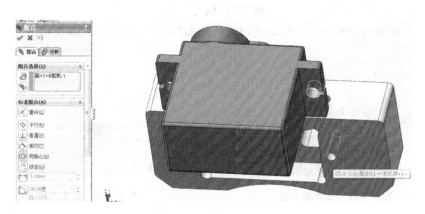

图 4-3-14　同轴心配合（一）

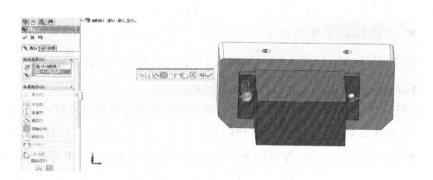

图 4-3-15　同轴心配合（二）

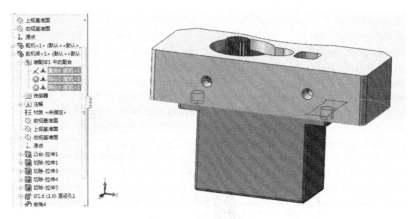

图 4-3-16　舵机架装配结果

2.装配一字舵盘

点击按钮 插入一字舵盘,利用按钮 定义配合关系如下。

(1) 舵机输出轴与一字舵盘的孔"同轴心",如图 4-3-17 所示。

(2) 舵机输出轴端面与舵盘花键槽的底面"重合",如图 4-3-18 所示。

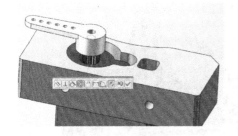

图 4-3-17　孔同轴配合

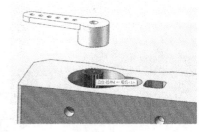

图 4-3-18　面重合配合

此时使用鼠标左键拖动舵盘,发现舵盘可以沿轴心旋转,这是期望得到的装配状态,现实中舵盘也是可在舵机输出轴的驱动下摆动的。

3.装配舵机从动臂固定轴

点击按钮 插入舵机从动臂固定轴,利用按钮 定义配合关系如下。

(1) 从动臂固定轴的下表面与舵机架的槽面重合。

(2) 从动臂固定轴的四方形的相邻两面与舵机架四方槽的对应两面"重合"。

提示:如果在装配时发现所需选择的部位被其他部件遮挡,可以选择让遮挡的部件隐藏,如图 4-3-19 所示,单击舵机零件,选择 按钮来隐藏/显示,此时,工作区将不显示舵机,这样就可以比较容易选择到舵机架的槽面,如图 4-3-20 所示。

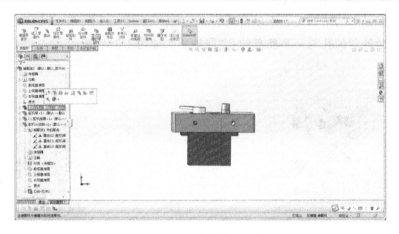

图 4-3-19 隐藏舵机零件

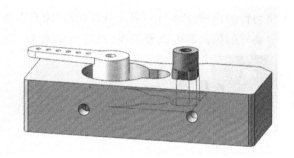

图 4-3-20 一字舵盘与舵机架的装配结果

4. 装配左右机械手臂

连续使用按钮 依次插入"从动臂"和"驱动臂",分别定义配合关系如下。

（1）从动臂的下表面与从动臂固定轴的阶梯台阶面"重合"，如图 4-3-21 所示。

（2）从动臂的孔与从动臂固定轴的孔"同轴心"，如图 4-3-22 所示。

（3）从动臂的侧面与舵机架的侧面"平行"，如图 4-3-23 所示。

图 4-3-21 重合配合 　　图 4-3-22 同轴心配合 　　图 4-3-23 平行配合

（4）驱动臂的槽面与一字舵盘的表面"重合"，如图 4-3-24 所示。

（5）驱动臂的孔与一字舵盘的孔"同轴心"，如图 4-3-25 所示。

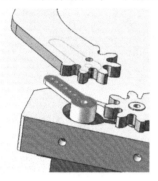

图 4-3-24   重合配合

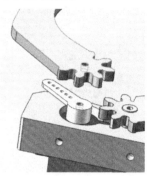

图 4-3-25   同轴心配合

（6）驱动臂的内槽侧面与一字舵盘的侧面"重合"，如图 4-3-26 所示。

（7）驱动臂的侧面与舵机架侧面"平行"，如图 4-3-27 所示。

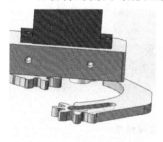

图 4-3-26   重合配合

图 4-3-27   平行配合

装配完成后，等轴测图如图 4-3-28 所示，点击"保存"，将该文件命名为"机械手"，完成装配体。

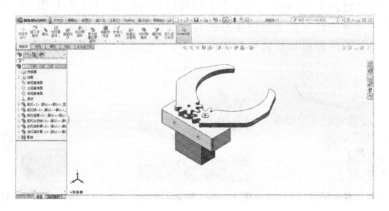

图 4-3-28   装配完成后的等轴测图

4.3.4　装配关系的编辑与压缩

通过以上的配合设定,静态的机械手爪装配已经完成。但是在实际的机械手中,驱动臂的转动会带动从动臂,若需要在 SolidWorks 装配体中实现同样的功能,可以使用机械配合中的"齿轮"配合。

首先需要把驱动臂、从动臂与舵机架的"定位"关系(即前面我们定义的两个"平行"配合)压缩。在特征编辑器点击"左机械手臂"前的"＋",再点击展开树列的"机械手爪中的配合"前的"＋",可以查看驱动臂的所有配合关系(见图 4-3-29)。

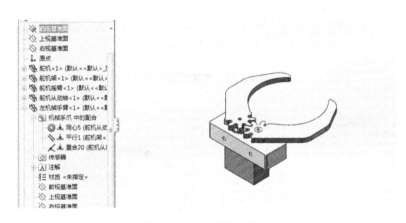

图 4-3-29　查看配合关系

用鼠标右键点击(单击亦可)"平行"配合关系,SolidWorks 将自动弹出快捷选项栏,点击压缩按钮 ⚙,此时,平行配合关系的显示变成灰色状态,用鼠标拖动左机械手臂可以使其转动,再次点击灰色的平行配合关系,原来的压缩按钮 ⚙ 此时已变成解除压缩按钮 ⚙,点击解除压缩,手爪将恢复原来的平行定位状态,如图 4-3-30 所示。

保证驱动臂和从动臂在平行的位置后,不再拖动手臂,将左右机械手臂的平行配合关系均设为压缩状态,然后点击"配合"按钮 ,弹出配合属性管理器,展开"机械配合"选项栏,选择"齿轮配合"按钮 .

选择两个手臂的孔边线,将比例设置为"1 mm：1 mm",单击按钮 ✔ 确认配合关系,再次点击"确认"按钮退出配合设置,如图 4-3-31 所示。

再次拖动其中一个手臂会发现,另一个手臂将跟随拖动的方向反向转动,达到齿轮配合驱动的装配效果,如图 4-3-32 所示。

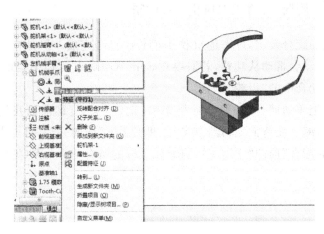

图 4-3-30　压缩配合关系

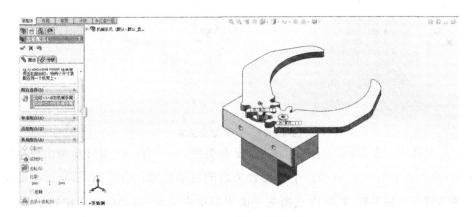

图 4-3-31　齿轮配合设置

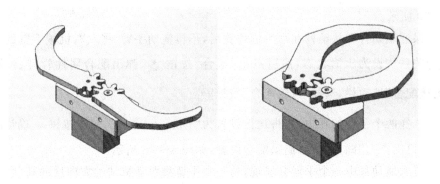

图 4-3-32　机械手的开合

4.3.5　零件库的使用

SolidWorks 自带有一个标准零件库——Toolbox,常用的螺栓、螺母等均可直接调用。本节将学习如何从零件库中调用 M2 的自攻螺钉。

点击工作区右侧的"设计库"按钮,如图 4-3-33 所示。

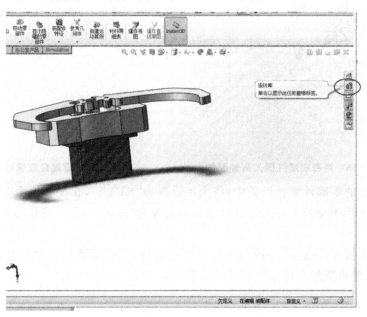

图 4-3-33　打开设计库功能

展开 Toolbox 前的"＋",选择"Gb",如图 4-3-34 所示。

选择"Gb"零件库中的"screws"→"自攻螺钉",下方将自动显示该选项的零件库缩略图,如图 4-3-35 所示。

图 4-3-34　选择 Gb 零件库

图 4-3-35　选择 screws 零件库的自攻螺钉

右键单击"十字槽盘头自攻螺钉"缩略图,选择"插入到装配体",如图 4-3-36 所示。

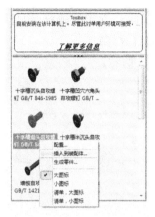 

图 4-3-36　将自攻螺钉插入到装配体　　　　**图 4-3-37　设置自攻螺钉属性**

在左侧的零部件属性设置中,将大小设置为"ST2.2",长度设置为"6.5",开槽数设置为"H",类型设置为"C",螺纹线显示设置为"简化",点击"确认",如图 4-3-37 所示。

同样的操作,再插入一颗同规格的自攻螺钉,然后给螺钉添加与舵机配合面"重合",与舵机架配合孔"同轴心"的配合定义,如图 4-3-38 所示。

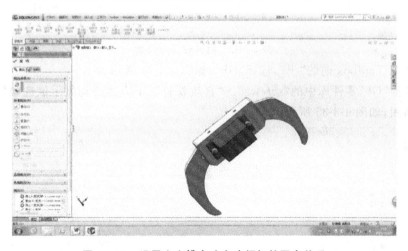

图 4-3-38　设置十字槽盘头自攻螺钉的配合关系

螺钉的位置关系添加完成后,点击螺钉零件,在快捷栏中点击"打开零件",将螺钉零件文件另存为一个新的文件放到装配体零件文件夹中,避免跨平台调用该装配体时因无法调用 SolidWorks 的零件库而导致错误,如图 4-3-39 及图 4-2-40 所示。

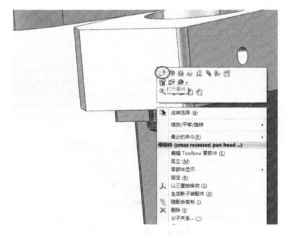

图 4-3-39　打开十字槽盘头自攻螺钉零件文件

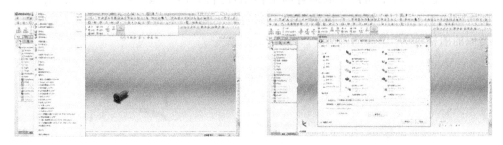

图 4-3-40　另存十字槽盘头自攻螺钉文件到零件文件夹

4.4　制作分解装配图

经过前两节的学习,读者已经学会如何用 SolidWorks 进行零件的设计和制作装配体,而在工程沟通当中,只有装配体还不足以展现零件与零件的装配关系,各个零件也无法完整地表达出来。本节将介绍如何使用 SolidWorks 软件来更加直观地表达这些装配关系。

4.4.1　爆炸图制作

在 SolidWorks 中单击按钮 打开之前制作的"机械手爪"装配体文件,在功能栏上点击"爆炸视图"按钮 ,选择两枚 M2.2 自攻螺钉,在零件附近将出现一个 三坐标拖动标志,将向上的箭头往上拖动一段距离,此时,两枚螺钉将从装配体中分离出来,如图 4-4-1 所示。

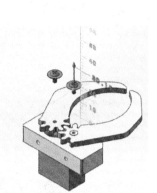

图 4-4-1　拖动自攻螺钉

再依次选择：驱动臂及从动臂向上拖动，舵机架向上拖动，一字舵盘和从动臂固定轴向下拖动，舵机向下拖动，M2.0 螺钉向下拖动，最终得到图 4-4-2。工程上，类似的图样称为"爆炸图"。

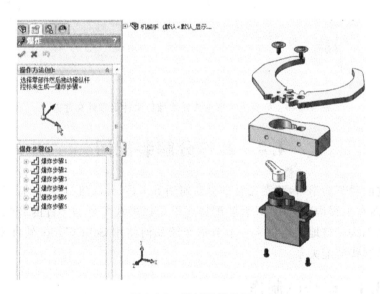

图 4-4-2　机械手爆炸图

4.4.2　步路线

悬空的爆炸显示能够体现每个单独的零件，但是无法体现零件与零件之间的关系。SolidWorks 中还有一项展示爆炸图零件与零件间的关系的功能：步路线功能。

点击功能栏中的"步路线"按钮 ，给零件添加步路线，依次选择：自攻螺钉的圆柱面、驱动臂的孔、一字舵盘的孔及舵机齿轮的孔，点击按钮 ✅ 确认步路线，表示这几个部件是通过孔组装的，如图 4-4-3 所示。

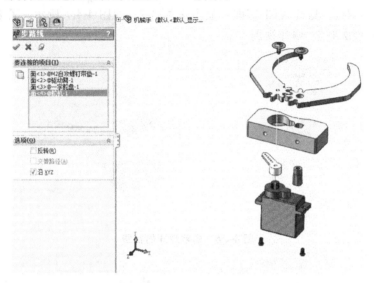

图 4-4-3　添加驱动臂至舵机步路线

　　再选择另一枚自攻螺钉、从动臂的孔、从动臂固定轴轴的孔，表示这几个零部件的组装关系，如图 4-4-4 所示。

　　同理，添加剩余的两条螺钉与舵机孔、舵机架孔的步路线。点击按钮 🔄 退出草图，完成步路线的添加，如图 4-4-5 所示。

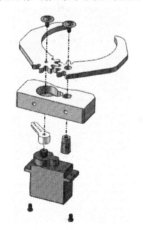
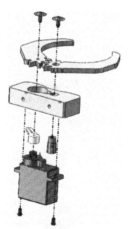

图 4-4-4　添加从动臂至固定轴步路线　　　　**图 4-4-5　步路线添加完成**

4.4.3 解除爆炸

点击特征编辑器中的 ![icon] 配置栏,可以看到呈灰色显示的"爆炸视图 1",如图 4-4-6 所示。双击"爆炸视图 1"即可显示爆炸效果,如图 4-4-7 所示。若要退出爆炸显示,可再次双击"爆炸视图 1"。

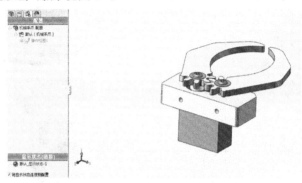

图 4-4-6　解除爆炸的视图

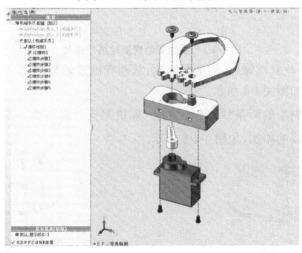

图 4-4-7　未解除爆炸的视图

扫一扫,获取本章资源

第5章 绘制工程图

每个机械零件都有一定的形状、一定的尺寸,甚至有特定的颜色、特定的表面纹理。在机械工程实践中,通常用工程图来表达这些信息。图样是工程师之间进行设计思想沟通的最精确、最有效的工具,因此,工程图被称为工程语言。机械工程制图课是每个机械工程师的必修功课。

5.1 工程图简介

工程制图中采用投影法来获取图样,图 5-1-1 所示为用投影法来获取三角形图样的示例。在图 5-1-1 中,分别使用了点光源中心投影,与投影面不垂直的平行光源斜投影,以及用垂直于投影面的平行光源的正投影的三种方式来获取一个三角形的图样。结果是:只有采用正投影方式获得的图样是不失真的,用其余两种方法获得的图形都产生了畸变。由于正投影可以准确地表达图形各个方向的尺寸,所以机械工程制图通常都采用正投影的方式来获得图样,只有少数轴测图不采用正投影的方式。

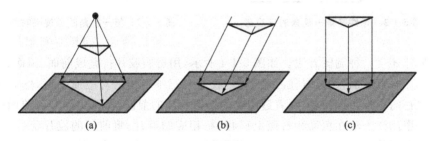

图 5-1-1 各种投影方法

(a)中心投影;(b)斜投影;(c)正投影

机械工程制图是一种按约定规则在二维平面上表达零件的形状、尺寸等信息的方法,其中正投影就是其中一种最基本的约定。此外,还要标注图样的尺寸,由于每个人写数字的习惯不同,字体不同,如果不加以规范,可能造成误解或费解,所以要对字体有约定。又如,图样上标注数字"19",如果倒过来看很可能会看做是"61"。为了不至于误解,要对数字的写法和看数字的方向做一个约定。另外,图样线条可能有人喜欢画得粗一些,有人喜欢画得细一些,有人喜欢用比较大的纸,有人喜欢用比较小的纸,如果纸的规格不一样,图纸保管将会很麻烦……还有数量繁多的细节。每个人都可能会对各种细节有不同的理解。机械工程界的前辈们对很多细节都做了约定,这些约定被编制成了制图标准。大家都按标准来做,就可以避免误解了。

对于复杂的三维几何体,仅用从一个方向观察得到的图形是难以表达清楚它的全貌的。为此,要从多方位进行观察来获得完整的几何形体信息。图 5-1-2 就是一个用多"投影图"(严格地说应该是"影像图"(术语称为"视图"),"影"只有外轮廓,"影像"除了轮廓之外,还有看得见的点、线、面)来表达立体形体的示例。

我们可以想象将物体放在墙角根处,在地面和相邻的两个墙面上都铺上白纸。在物体的正前方架设一台垂直于墙面的正投影照相机对物体进行拍照,然后将物体移开并将相片贴在与相机正对面的白纸上。用同样的方法在物体的上面和左面进行拍照。将相片分别贴在地面和右侧墙面的纸上,再将三张有贴图的白纸沿墙角交线转动摊平,将获得如图 5-1-3 所示的图样,我们称它为第一视角的三视图。这三个视图分别称为主视图、俯视图、左视图。

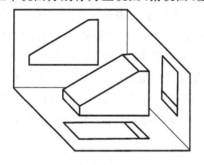

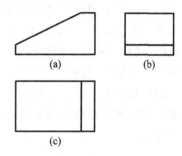

图 5-1-2　零件在第一视角的正投影　　**图 5-1-3　第一视角的三视图布局**

(a)主视图;(b)左视图;(c)俯视图

另外还有一种制图方法。如图 5-1-4 所示,用透明胶片折叠成前面、顶面、右面三个相互垂直的面,用它罩住三维形体,胶片与三维形体的对应面平行,然后用与前面垂直的正投影照相机,隔着透明胶片拍摄物体的前面,再将相片贴到前面的胶片上。用同样方法在顶面和右面上照相,贴相应的照片;将前面的胶片保持不动,另外两个面的胶片沿折叠线展开,将获得图 5-1-5 所示的图样。按这种方法形成的图样称为第三视角的三视图。美国就采用这种第三视角的制图方法。

第一视角的制图方法与第三视角的制图方法没有先进与落后之分,只是习惯不同而已。中国是采用第一视角方法的国家。读者看图时,要先搞清是采用哪种投影布局规则绘制的图样,以免出错。

判断一份工程图所采用的何种投影布局规则,可参见该图纸的标题栏中如表 5-1-1 所示的图形。国标图纸的默认布局方式为第一视角,如使用的是第一视角则不需绘制图形符号。

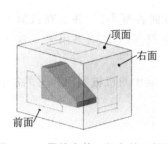

图 5-1-4　零件在第三视角的正投影

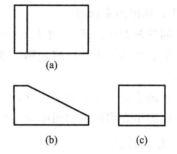

图 5-1-5　第三视角的三视图布局

(a)顶视图;(b)主视图;(c)右视图

表 5-1-1　视角的符号区分

图 形 符 号	说　明
◁ ◉	第一视角图形符号表示
◉ ◁	第三视角图形符号表示

主、俯视图长对正,主、左视图高平齐,俯、左视图宽相等是三视图的基本规则。第一视角和第三视角的视图都要遵守这个规则,如图 5-1-6 所示。

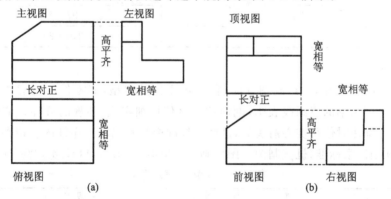

图 5-1-6　三视图之间的关系

(a)第一视角;(b)第三视角

5.2　制图标准简介

不同的国家或区域有不同的标准,它们之间是有些差异的。

世界常见的标准如下。

ISO:国际标准化组织标准。

GB:中华人民共和国国家标准。

ANSI:美国国家标准。

JIS:日本国家标准。

DIN：德国国家标准。

不同的标准在格式、尺寸箭头、标注方式等方面各有不同，甚至在投影方式上都有区别。如 ANSI 采用的是第三视角的布局视图，而 GB 则采用第一视角的布局视图。

关于国家标准中的制图标准，可以参考国家标准中与机械制图相关的部分。

下面简单介绍机械制图中的一些规定。

1. 图纸幅面

绘制图样时，应优先采用规定的基本图幅，幅面代号为 A0～A4，如表 5-2-1 所示。详细内容请参考中华人民共和国国家标准《技术制图　图纸幅面和规格》（GB/T 14689—2008）。

表 5-2-1　标准图幅的尺寸

幅 面 代 号	尺寸/(mm×mm)
A0	841×1189
A1	594×841
A2	420×594
A3	297×420
A4	210×297

2. 图线

如表 5-2-2 所示，在绘制图样时，需使用不同的线型，如零件的轮廓线用粗实线，中心线则用细的点画线表示，剖面线应该使用细实线，剖视的分界线应使用波浪线，尺寸标注时使用实心箭头等，这些在标准中都有规定。详细内容请参考中华人民共和国国家标准《机械制图　图样画法　图线》（GB/T 4457.4—2002）。

表 5-2-2　线型、线宽及应用

序号	名称	线型	图线宽度	一般应用
1	粗实线		d	可见轮廓线，可见过渡线
2	细实线		约 $d/2$	尺寸线，尺寸界线，剖面线，引线，辅助线
3	波浪线		约 $d/2$	断裂处边界线，视图和剖视图分界线
4	双折线		约 $d/2$	断裂处边界线
5	虚线	2~6　≈1	约 $d/2$	不可见过渡线，不可见轮廓线
6	细点画线	≈15　≈3	约 $d/2$	轴线，对称中心线，轨迹线
7	粗点画线	≈15　≈3	d	有特殊要求的线或表面的表示线
8	双点画线	≈20　≈5	约 $d/2$	相邻零件的辅助线，中断线，假想投影轮廓线

除图幅、线型外,国家标准中还有对标题栏、比例、字体、尺寸注法等内容的规定。有兴趣的读者可以参考 GB/T 10609.1—2008、GB/T 14690—1993、GB/T 14691—1993 等标准。

5.3　工程零件详图绘制

传统的工程图采用直尺、圆规等绘图工具,用手持铅笔绘制,本书对此不做介绍。这里将要介绍使用 SolidWorks 软件生成工程图的方法。

SolidWorks 可以创建零件、装配体、工程图三类文件,其后缀名分别为
.sldprt,.sldasm,*.slddrw

.sldprt 文件是由若干几何特征组成的三维数字模型文件;.sldasm 文件是由若干*.sldprt 零件和(或)*.sldasm 部件拼装组成的三维图形文件,*.slddrw 文件是按投影方法生成的已经存在的*.sldprt 模型或*.sldasm 零件的投影图样。

对于已有的零件或装配体,可以直接将其调用到工程图中生成视图,然后通过标注工具标注尺寸、公差、技术要求等,完成该零件或装配体的工程图绘制。

下面以舵机架为例,介绍工程零件详图绘制的基本过程。

5.3.1　创建零件图

首先,开启 SolidWorks 软件,打开"舵机架.sldprt"文件。

单击"新建"按钮 □ →"工程图"按钮 图 →确定,后面均选择默认的设置,开始创建零件图。

打开工作区右侧的"视图调色板"按钮 ,单击"浏览"按钮 □,选择第 3 章中创建的"舵机架"文件,如图 5-3-1 所示。

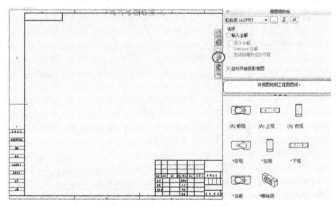

图 5-3-1　打开舵机架文件图

5.3.2 创建主视图、左视图、俯视图

用鼠标左键拖动"前视"图到图纸区域,单击放置该视图,鼠标往右移动,SolidWorks将自动生成"左视图",鼠标往下移动将自动生成"俯视图",如图 5-3-2。完成三视图的创建后,按键盘的"Esc"键,退出操作。

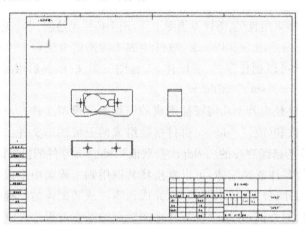

图 5-3-2 创建舵机架三视图

5.3.3 设置图纸格式、线型

右键单击图纸空白处将弹出一个菜单,点击弹出菜单中特征编辑栏中的图纸格式,选择属性,设定投影类型为"第一视角",图纸大小为 SolidWorks 标准格式的"A3",图纸比例"2∶1",其余设置为默认,如图 5-3-3 所示。

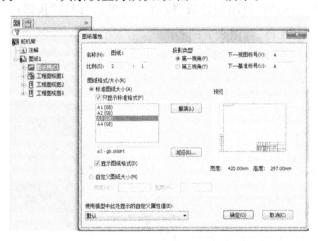

图 5-3-3 设置图纸格式

单击屏幕上部快捷菜单栏中的选项按钮"⊟",将编辑文档属性中的总绘图标准设为"GB",如图 5-3-4 所示。

图 5-3-4 设置绘图标准

点击"线型设置",如图 5-3-5 所示,各种线型样式的设置如表 5-3-1 所示。

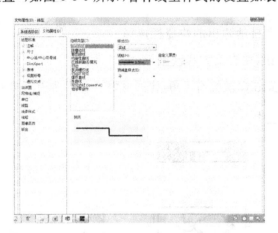

图 5-3-5 设置线型对话框

表 5-3-1 设置线型样式及线宽

边线类型	样式	线宽
可见边线	实线	0.5 mm
隐藏边线	虚线	0.25 mm
草图曲线	实线	0.25 mm
构造性曲线	中心线	0.25 mm
区域剖面线/填充	实线	0.25 mm
切边	双点画线	0.25 mm
装饰螺纹线	默认	——

5.3.4 创建剖视图来表达螺钉孔的形状

在机械制图中,对于零件内部结构,往往采用剖视图的方法来表达。剖视图相当于将零件切开,然后再来观察切开部分的图形。舵机架的螺钉孔在投影图上看不到,为此在工程图中添加剖视图。添加方法如下。

绘制一条穿过主视图两个螺钉孔中心的直线,然后选择该直线,单击特征栏中的"视图布局"→"剖面视图"按钮 ■,创建一个全剖视图,如图5-3-6所示。

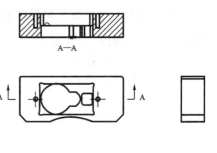

5.3.5 创建轴测图

轴测图能更直观地表现零件的外形,便于读图。在工程图中添加轴测图的方法如下。

单击俯视图,在自动弹出的快捷栏选择 ■"投影视图"按钮,往右上方移动鼠标,生

图 5-3-6 创建剖视图

成一个轴测图,放置在图纸的右下角,比例设为"1∶1",如图5-3-7所示。

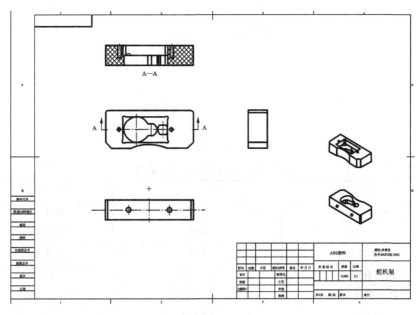

图 5-3-7 添加轴测图

5.3.6 创建局部放大视图

对比较细小的结构,如果用和整体相同的比例绘制,则看不清楚。为此,机械制图中采用将这些局部加以放大绘图的方法,如本例中的四方槽就可以用这种方法表达。

在四方槽的剖面图部位绘制一个圆,选择该圆并点击"视图布局"中的局部视

图按钮 ，移动鼠标到合适位置，单击鼠标左键确认，SolidWorks 将生成一个局部的放大视图，如图 5-3-8 所示。

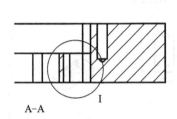
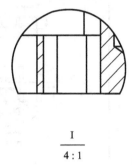

图 5-3-8　添加局部视图

5.3.7　修改剖面线样式

由于舵机架的材料为非金属，按国家推荐标准，剖面线应该使用"⬚"样式，剖面线样式的修改方法如下。

按住"Ctrl"键选择全剖视图的剖面，在左侧的剖面属性栏，去除"材质剖面线"的勾选，然后在剖面线图样的选择列表里选择"ISO（Plastic）"，局部视图将自动随之变化，如图 5-3-9 所示。

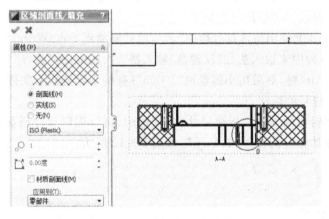

图 5-3-9　修改剖面线样式

5.3.8　标注尺寸

视图准备完成后，就可以开始标注尺寸。点击功能栏中的"草图"→ 智能尺寸，标注出相关尺寸，如图 5-3-10 所示。也可以用软件的自动标注尺寸功能完成尺寸标注,但自动生成的尺寸位置可能需要调整。

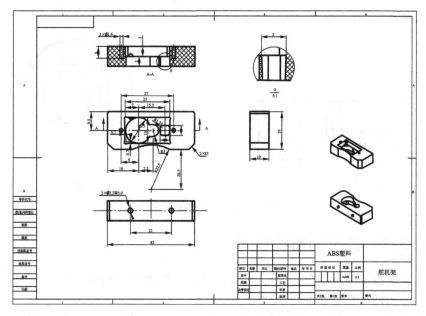

图 5-3-10　标注尺寸

提示:

(1) 倒角的标注按钮在智能尺寸的下拉功能栏中选择,如图 5-3-11 所示。

(2) 几种输入"×"号的方法如下。

① 在 Word 上使用特殊符号得到"×",然后复制到 SolidWorks 中。

② 使用各种中文输入法(或软键盘)输入拼音"chenghao"选择"×"。

③ 按住"Alt"键,然后用小键盘输入"10005"(有些字体格式不支持)。

(3) 特殊符号的标注。

在属性编辑栏的下方,"标注尺寸文字"栏中,可以编辑尺寸所显示的文字,下方可以选择添加相应的符号,如" "，如图 5-3-12 所示。

图 5-3-11　倒角标注按钮

图 5-3-12　添加特殊符号

5.3.9　标注公差

对于任何物体,要想知道它尺寸的真值都是十分困难的。如果我们较真的话,甚至可以说,用现在的技术手段根本找不到物体尺寸的真值。对现实中的零件任何一个部位的尺寸都难以绝对地等于某一个既定的值,因而在设计、生产中引入了"公差"的概念。公差是指零件实际尺寸与设计期望的理想尺寸之间可以接受的偏差范围。

如安装舵机的两个自攻螺钉底孔的中心距标注尺寸为 27 mm(参看图 5-3-10),如果从纯数学意义上理解,这个 27 后面是没有非零数的,也就是说后面无穷位的小数都是 0 才对。这种理想尺寸在实际加工中是无法得到的,也没必要使实际尺寸绝对地等于 27 mm。也许用游标尺测量到的尺寸是 26.98 mm、27.01 mm、27.013 mm 等都能够满足安装螺钉的使用要求。因此,设计时必须给出实际尺寸偏离理想尺寸的可接受范围,这个范围称为允差,机械行业称为公差。公差范围越小,加工精度就越高,加工费用也随之增加。在没有特别要求的情况下,尽量避免随意提高公差等级,以免增加制造成本,这是基本的工程常识。

在图 5-3-13 中,该尺寸的标注是"27±0.05",表示允许的偏差范围是±0.05 mm,也就是说,对于实际加工得到的零件,如果该尺寸在 26.95 mm～27.05 mm 之间,就可以认为这两个孔的中心距达到了设计要求,对实际使用来讲,这样的尺寸不会影响工件的正常工作。

下面简单介绍在 SolidWorks 工程图文件中标注公差的方法。

点击一个需要标注公差的尺寸(本例中是尺寸"27"),SolidWorks 左侧将弹出该尺寸的属性编辑栏,选择公差形式为"对称",值为"0.05",调整公差尺寸显示的数位为".12"(即显示小数点后面两位数),如图 5-3-13 所示。

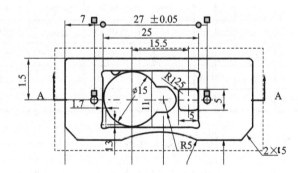

图 5-3-13　添加对称公差

再点击半圆槽型的直径"13",在尺寸属性编辑栏中,将公差形式设置为"双边",公差值设置为"0.05""+0.02",调整显示数位为".12",如图 5-3-14 所示。

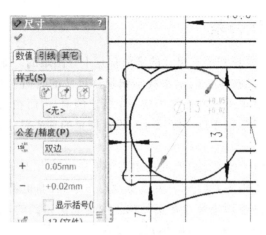

图 5-3-14　添加双边公差

图样中还有很多尺寸都没有标注公差,这些尺寸是不是要等于真值? 如果不等于真值,公差应该为多少? 对于这些没有标注公差的尺寸,可参照未注公差的线性和角度尺寸的国家标准 GB/T 1804—2000,该标准将零件划分成精密、中等、粗糙、最粗等四个等级,如表 5-3-2 所示。舵机架这个零件是中等精密的零件,就按默认的中等零件公差来处理。如舵机架的厚度尺寸 10,按照表 5-3-2,它的尺寸分段在 6～30 之间,中等 m 对应的公差是±0.2,由此可算出,该尺寸的合格范围是 9.8～10.2 mm。

表 5-3-2　线性尺寸的极限偏差数值(摘自 GB/T 1804—2000)

公差等级	线性尺寸的极限偏差数值							
	基本尺寸							
	0.5～3	>3～6	>6～30	>30～120	>120～400	>400～1000	>1000～2000	>2000～4000
精密 f	±0.05	±0.05	±0.1	±0.15	±0.2	±0.3	±0.5	—
中等 m	±0.1	±0.1	±0.2	±0.3	±0.5	±0.8	±1.2	±2
粗糙 c	±0.2	±0.3	±0.5	±0.8	±1.2	±2	±3	±4
最粗 v	—	±0.5	±1	±1.5	±2.5	±4	±6	±8

5.3.10　添加技术要求

有些信息,如相同的几何尺寸、颜色等,在图纸上用几行简单的文字来表达,可以达到事半功倍的效果。以下简单介绍一下添加注解文字的方法。

点击 SolivdWorks 菜单中的按钮

"A",在图纸的空白处单击鼠标左键,在输入框内添加技术要求的文字说明,如图 5-3-15 所示。

技术要求:
1.未注圆角为R1;
2.颜色:米黄色, 色号 PANTONE 393C
3.未注公差默认GB-1804-2000m。

图 5-3-15　添加注解

图样的名称、材料等其他信息可以采用同样的方法加以标注。

完成公差与技术要求标注的"舵机架"工程图如图 5-3-16 所示。

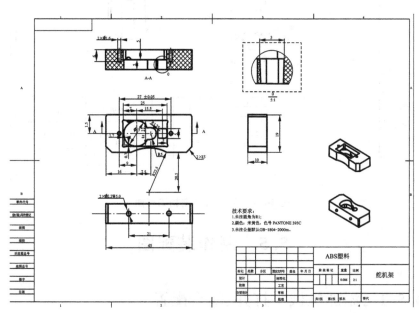

图 5-3-16　舵机架工程图

用文字来对颜色的描述是不精确的,如果笼统标注一个颜色名,如红色,则各个厂家甚至同一厂家的不同批次产品的颜色都可能深浅不一。为此,工业界对颜色进行了编号,并制作了相应的色卡。比较流行的编号体系是 Pantone 色卡(潘通色卡),如图 5-3-17 所示。厂商进行生产时参照同套的色卡,使用专用的仪器调色,这样就可基本上避免产生色差。

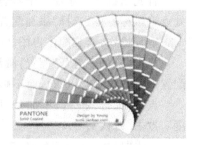

图 5-3-17　潘通色卡

5.4 从动臂固定轴工程图制作

对从动臂固定轴的工程图的制作过程不再详细描述。完成的从动臂固定轴工程图如图 5-4-1 所示。

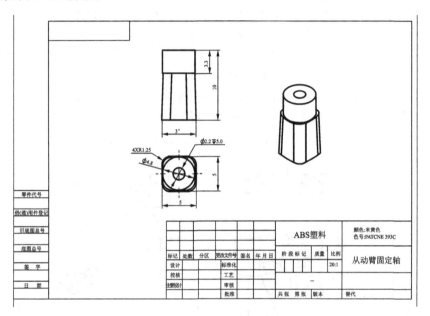

图 5-4-1 从动臂固定轴工程图

5.5 制作装配图

5.5.1 添加机械手打开、闭合配置

首先给机械手添加一个状态为打开的配置,如图 5-5-1 所示,在配置栏的空白处点击鼠标右键,选择"添加配置",命名为"机械手打开"。

重复操作,给装配体再添加一个"机械手闭合"的配置。

双击"机械手打开"配置,激活该配置,现在添加的配合关系只会在当前激活的配置中有效(见图 5-5-2),而不影响其余未激活配置。

点击"配合"按钮,添加从动臂(或驱动臂)的侧面与舵机架侧面角度为"27度",点击"确认"。

双击"机械手闭合"配置,激活该配置,然后点击"配合"按钮,添加从动臂和驱动臂的前端的圆侧面配合关系为"相切",点击"确认",如图 5-5-3 所示。

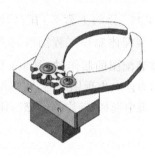

图 5-5-1　添加配置

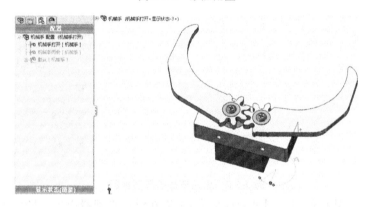

图 5-5-2　添加打开配置的配合关系

图 5-5-3　添加闭合配置的配合关系

添加完两个配置的配合关系后,点击"保存"按钮,开始制作装配工程图。

5.5.2　制作分解装配图(爆炸图)

单击"新建"旁的下箭头,在打开的级联菜单中选择"从零件/装配体制作工程图",再点击按钮" 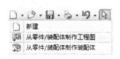 ",开始工程爆炸装配图的制作,如图 5-5-4 所示。

图 5-5-4　创建工程图

当显示界面上出现图纸后,在 SolidWorks 窗口右侧的视图调色板中选择"爆炸等轴测",用鼠标左键按住图形拖动到图纸区,如图 5-5-5 所示。

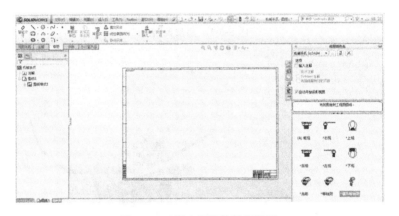

图 5-5-5　创建爆炸等轴测视图

如果系统默认使用的图纸版面太大,可以在设计管理器中更改图纸的属性,用鼠标右键单击左侧的"图纸格式",点击"属性",如图 5-5-6 所示。

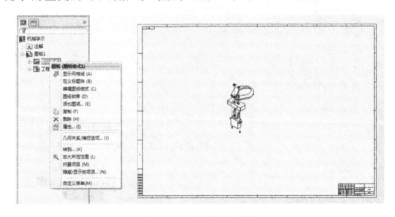

图 5-5-6　修改图纸属性

选择 SolidWorks 的标准图纸,大小为 A3,点击"确定",如图 5-5-7 所示。

图 5-5-7　设置 A3 标准图纸

将视图拖动到图纸中间靠左的位置，如图 5-5-8 所示。

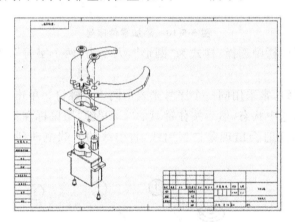

图 5-5-8　移动视图到合适位置

5.5.3　添加零件号及 BOM 表

1.添加零件号

展开工具栏中的"注解"，然后点击"零件序号"按钮，开始添加零件序号，如图 5-5-9 所示。

图 5-5-9　零件序号功能按钮

移动光标，依次点击"M2 自攻螺钉（带垫）"，"驱动臂""从动臂""舵机架"一字舵盘""从动臂固定轴""舵机""M2 螺钉",添加序号,如图 5-5-10 所示(也可以尝试使用"自动零件序号")。

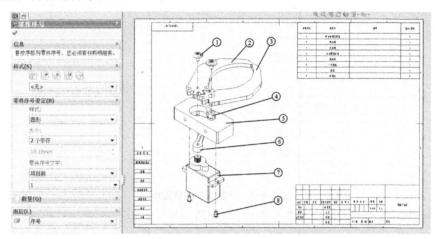

图 5-5-10　添加零件序号

零件序号属性栏中选择:样式为"圆形",大小为"两个字符",零件序号文字为"项目数"。

对于多种螺钉,常采用同一个序号来表示同一种螺钉。单击螺钉的零件序号,使之呈现高亮的选中状态,然后按住键盘的"Ctrl"键,用鼠标左键选中零件序号的引线末端,拖动,此时会出现第二根引线,将引线的末端拖动到另一枚螺钉上,如图 5-5-11 所示。

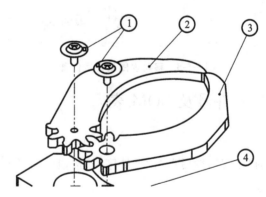

图 5-5-11　添加多引线

按同样的方法,完成另一对螺钉的引线生成,完成零件序列号的添加,如图 5-5-12 所示。

2.添加 BOM 表

BOM 表英文全称 bill of material,即材料明细表,可以简洁地表达一个组装体的各个零件及零件的名称、材质、数量等信息,是一种非常实用的表格。

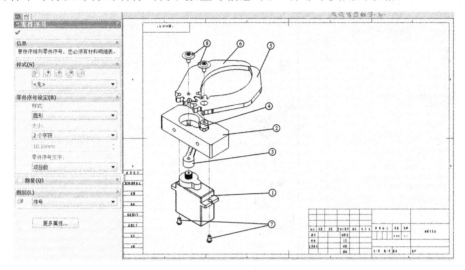

图 5-5-12　完成零件序号添加

顺次点击菜单栏中的"插入"→"表格"→"材料明细表",如图 5-5-13 所示。

图 5-5-13　添加材料明细表

　　选择"爆炸等轴测"视图为添加对象,即选中了图 5-5-14 中虚线框部位,使用默认设置,点击按钮 ✅ 确认,然后移动鼠标到图纸右上角位置,单击即可添加 BOM 表。

　　BOM 表添加成功后如图 5-5-14 所示。工程上通常要求按顺时针方向或逆时针方向排序,如果左侧的爆炸图的零件编号如果是紊乱的,读者可以再次单击想要改变的零件号,在编辑栏中再次选择项目数,输入相应的序号来重新顺序。排好序后的 BOM 表如图 5-5-15 所示。

　　最后点击"保存",将该文件命名为"机械手爆炸图",如图 5-5-14 所示。

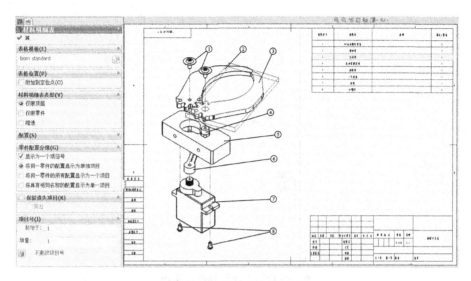

图 5-5-14　材料 BOM 表属性

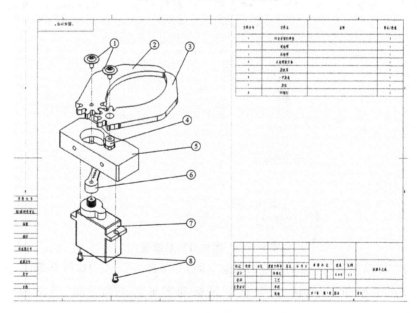

图 5-5-15　完成零件排序及 BOM 表添加

5.5.4　添加工作范围参数

机械手张开和闭合后的尺寸是重要的工作参数。为了表达这些参数,在装配图中加入一个具有张开、闭合状态的机械手俯视图,如图 5-5-16 所示。

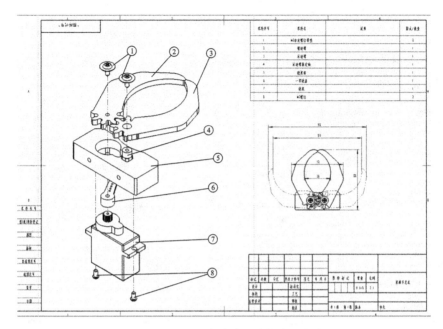

图 5-5-16　具有外观尺寸的装配图

　　具体做法是:先在装配图中点击右侧的视图调色板,将鼠标左键按住调色板中的"＊上视"图标(选中),如图 5-5-17 所示。

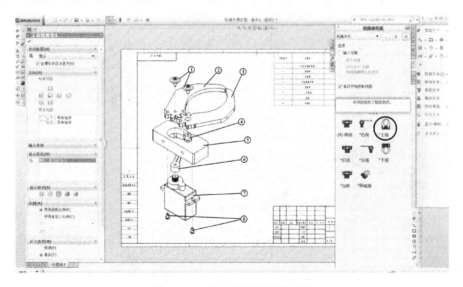

图 5-5-17　将上视图拖进装配图

　　然后将其拖进图纸的空白处,并松开鼠标,将上视图的比例设为 1:1,获得如图 5-5-18 所示的图样。

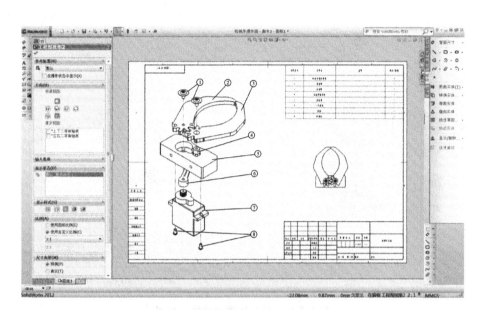

图 5-5-18

　　如图 5-5-19 所示,选中 SolidWorks 主菜单中的"插入(I)"→"工程图视图(V)"→"交替位置视图(T)",显示界面弹出如图 5-5-20 所示的画面。

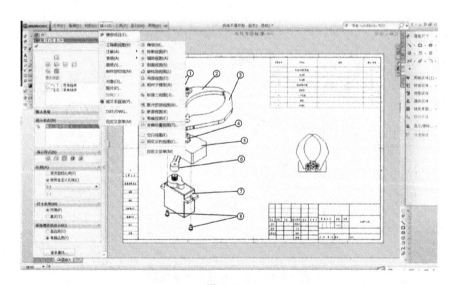

图 5-5-19

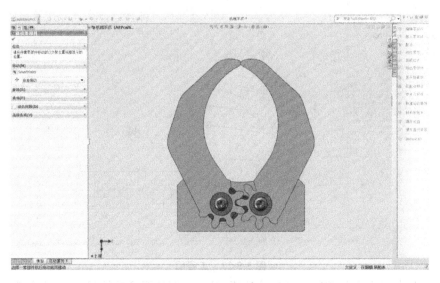

图 5-5-20　机械手闭合状态图

　　用鼠标拖动画面中的左半爪，调整到设计的最大位置，如图 5-5-21 所示。点击画面右上角的"绿色勾"。显示界面将自动返回到工程图画面，双爪的新位置将在上视图中用双点画线表示，如图 5-5-22 所示。

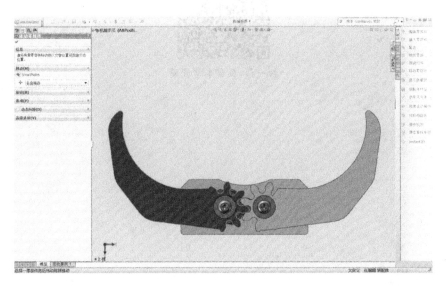

图 5-5-21　调整到设计的最大位置

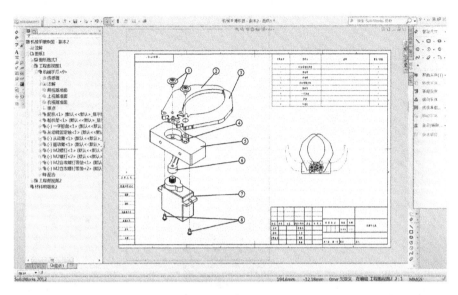

图 5-5-22　工程图

　　用控制界面上的智能尺寸标注功能,给上视图的双爪标注尺寸,一张简单明了的装配关系图就完成了。

扫一扫,获取本章资源

第6章　车体零部件的测绘及建模

　　本章将介绍使用 SolidWorks 钣金模块建立车架模型的详细步骤；并给出智能小车其余零部件的尺寸，读者可以参考这些尺寸建立相应零部件的模型，也可以在后续的装配中直接调用配套电子文档中的 SolidWorks 模型；介绍车轮、车架、嵌装螺母等部件的装配，在后续的总装中，它们将作为子装配体。

6.1　车架的钣金建模

　　现实生活中可以看到很多由薄板制作的物品，图 6-1-1 所示的台式计算机主机机箱便是一例。这种以板材为坯料，通过折叠来制作的零部件称为钣金件。钣金加工是机械工程中的一种常用加工方式。

　　本案例中的车架将用厚度为 1.2 mm 的硬卡纸板来折叠制作，如图 6-1-2 所示，其设计方法与钣金件有诸多类似之处。本节将以智能小车的车架建模过程为例，介绍使用 SolidWorks 的"钣金"模块，进行钣金件建模设计的基本方法。

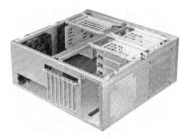

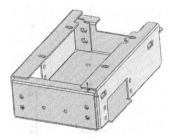

图 6-1-1　计算机主机机箱　　　　图 6-1-2　车架三维模型

　　启动 SolidWorks 软件，新建一个"零件"文件。

　　依照以下方法，将 SolidWorks 软件的"钣金"设计快速工具栏调出：

　　将光标指向 SolidWorks 界面顶端的主菜单的展开箭头，在"工具（T）"菜单中，选择"自定义（C）"，在弹出的自定义对话框中勾选"钣金"选项，如图 6-1-3 所示，单击"确定"按钮，操作界面上出现钣金模块的快速工具栏，如图 6-1-4 所示。

　　选择"上视基准面"作为草图绘制面，点击草图绘制 ![icon] 图标，绘制如图 6-1-5 所示的草图。

图 6-1-3 激活钣金模块的快速工具栏   图 6-1-4 钣金模块的快速工具栏

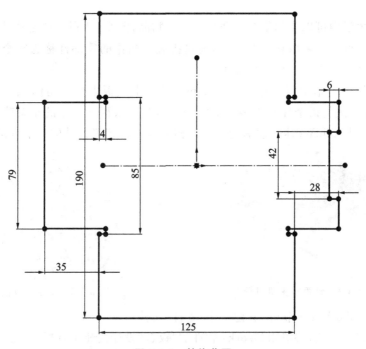

图 6-1-5 基体草图

单击钣金模块工具栏中的"基体法兰/薄片"按钮 ，在弹出的基体法兰属性管理器中，设置厚度为 1.2 mm，如图 6-1-6 所示，单击"确定"后，生成的薄板基体如图 6-1-7 所示，后续操作都在这个基体上展开。

单击"绘制的折弯"按钮 ，点选基体表面，绘制如图 6-1-8 所示的草图，草图中直线的长度任意。单击工作区右上角的"退出草图"按钮 。

图 6-1-6　设置基体法兰属性

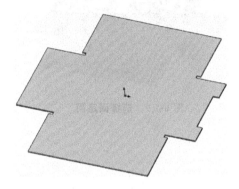

图 6-1-7　生成薄板基体

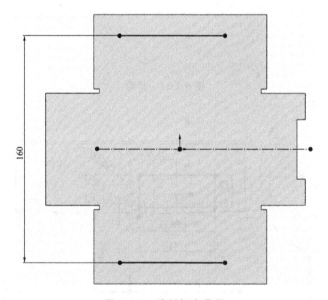

图 6-1-8　绘制折弯草图

退出草图后,SolidWorks 自动弹出属性管理器,单击选中两直线之间的基体表面,将其作为"固定面",如图 6-1-9 所示(注意图中的黑点);"折弯位置"选择"材料在内"选项,如图 6-1-10 所示。单击"确定"后,基体两侧将沿上一草图所绘的直线折起,如图 6-1-11 所示,在折弯的过程中,固定面(图 6-1-11 中的面 A)将保持不动。

选择图 6-1-11 中的面 A 作为草图基准面,绘制如图 6-1-12 所示的草图。使用钣金模块工具栏中的"拉伸切除"功能,切除草图封闭轮廓内的材料,得到图 6-1-13 所示的模型。

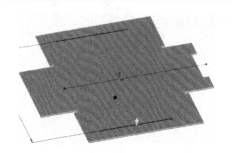

图 6-1-9　选择固定面

图 6-1-10　选择折弯位置

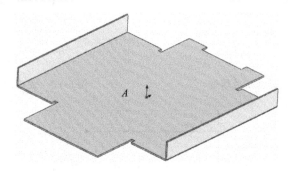

图 6-1-11　折弯

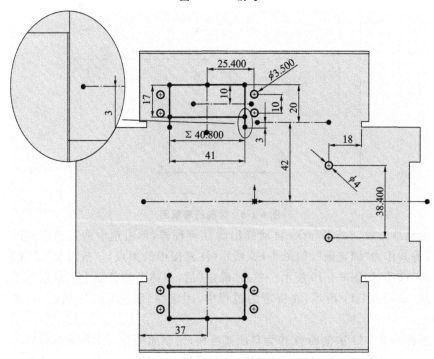

图 6-1-12　绘制拉伸切除草图

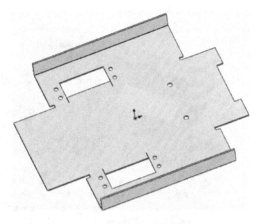

图 6-1-13　切除后的草图

　　单击"绘制的折弯"按钮 ，选择图 6-1-11 中的面 *A* 作为基准面，绘制如图 6-1-14 所示的草图。草图绘制完毕后，单击工作区右上角的"退出草图"按钮 ，弹出绘制折弯属性管理器。管理器中的"固定面"依然选择面 *A*；"折弯位置"选择"材料在内"，如图 6-1-15 所示。单击"确定"后得到模型如图 6-1-16 所示。

　　单击"绘制的折弯"按钮 ，选择面 *A* 作为基准面，绘制图 6-1-17 所示的草图。退出草图后，依照图 6-1-18 设置绘制折弯的属性，"固定面"依然选择图 6-1-11 中的面 *A*；"折弯位置"选择"折弯在外"；"折弯角度"设置为 90 度；"折弯半径"设置为 1 mm。单击"确定"后得到模型如图 6-1-19 所示。

　　读者可以尝试改变折弯位置的选项，观察模型有何不同。

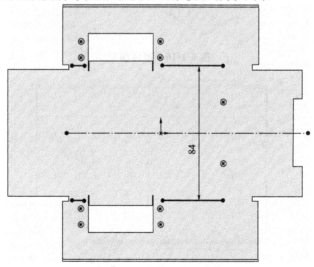

图 6-1-14　绘制折弯草图

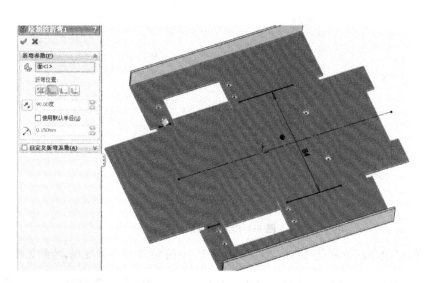

图 6-1-15　设置折弯属性

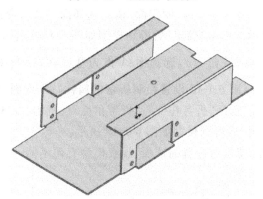

图 6-1-16　折弯模型

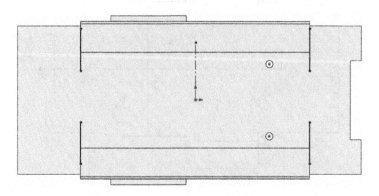

图 6-1-17　绘制折弯草图

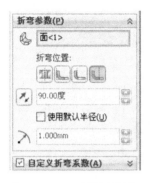

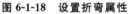

图 6-1-18　设置折弯属性

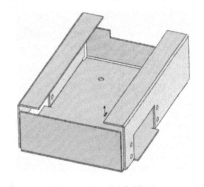

图 6-1-19　折弯模型

参照图 6-1-20 绘制草图,使用钣金模块工具栏中的"拉伸切除"功能,切除草图中两个圆内部的材料,得到的模型如图 6-1-21 所示。

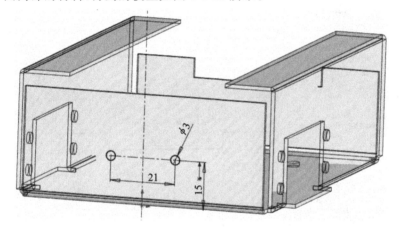

图 6-1-20　螺钉过孔草图

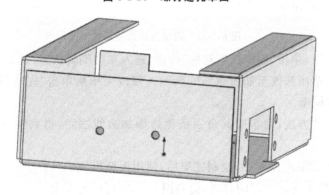

图 6-1-21　螺钉过孔模型

如图 6-1-22 所示,单击选中车架的边线,然后单击钣金模块工具栏中的"边线法兰"按钮 ,弹出边线法兰属性管理器,依照图 6-1-23 设置法兰长度和法兰位

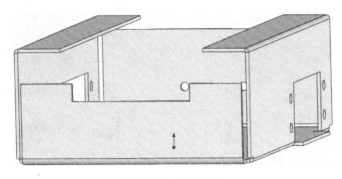

图 6-1-22　选择边线

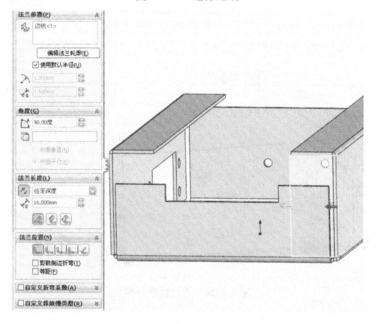

图 6-1-23　设置边线法兰属性

置。设置完成后,单击"编辑法兰轮廓"按钮,进入草图编辑状态,如图 6-1-24 所示。将边线法兰的草图修改至如图 6-1-25 所示。修改完毕后单击"完成"按钮,得到图 6-1-26 所示的模型。

依照同样的方法,为车架其余三条侧边添加边线法兰,得到图 6-1-27 所示的模型。

依照图 6-1-28 绘制草图,绘制完毕后,使用钣金模块工具栏中的"拉伸切除"功能,切除草图封闭轮廓内部的材料,得到图 6-1-29 所示的模型。

选中图 6-1-30 所示的边线,单击"边线法兰"按钮,添加边线法兰。边线法兰属性管理器依照图 6-1-31 所示的进行设置,其中法兰的长度设置为 10 mm。

再为对称的另一边线添加相同的边线法兰,得到的模型如图 6-1-32 所示。

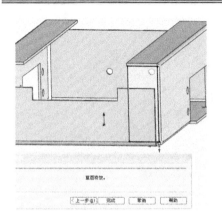

图 6-1-24　进入法兰轮廓草图

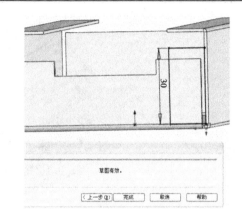

图 6-1-25　修改草图

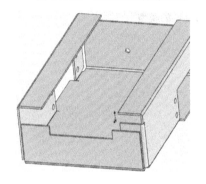

图 6-1-26　修改完毕

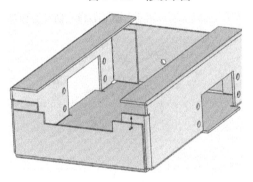

图 6-1-27　修改完毕的模型

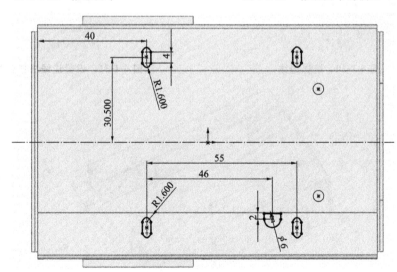

图 6-1-28　绘制拉伸切除的草图

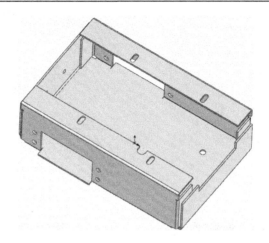

图 6-1-29　切除封闭轮廓内部材料的模型

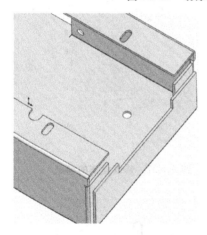

图 6-1-30　选择边线　　　　　　　　图 6-1-31　设置边线法兰属性

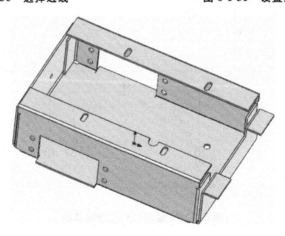

图 6-1-32　添加边线法兰的模型

依照图 6-1-33 为车架前端的边线添加边线法兰。

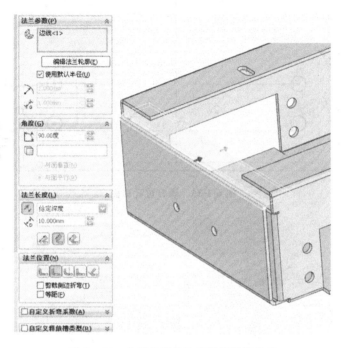

图 6-1-33　车架前端的边线设置边线法兰

使用"拉伸切除"功能,为车架添加如图 6-1-34 所示的螺钉过孔,拉伸切除所用草图如图 6-1-35 所示。

使用"拉伸切除"功能,在车架侧壁添加过线孔,如图 6-1-36 所示。过线孔草图如图 6-1-37 所示。对过线孔的位置不做严格要求。

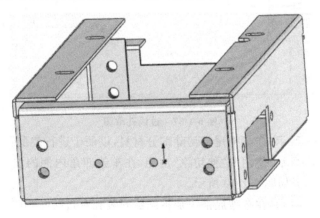

图 6-1-34　螺钉过孔

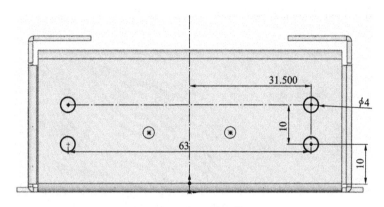

图 6-1-35　螺钉过孔草图

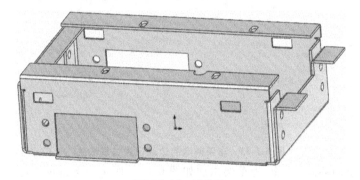

图 6-1-36　过线孔

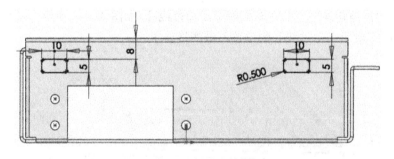

图 6-1-37　过线孔草图

如图 6-1-38 所示,在车架尾部切除部分材料,以便于进行装配。

如图 6-1-39 所示,使用"拉伸切除"功能,在车架四角内侧的法兰上添加槽孔。槽孔的形状及位置如图 6-1-40 所示。

如图 6-1-41 所示,在车架底部添加传感器安装孔及过线孔,孔的外形及位置参考图 6-1-42。

读者在绘制草图过程中可以尝试使用"镜向""块"等草图工具,提高绘图效率。

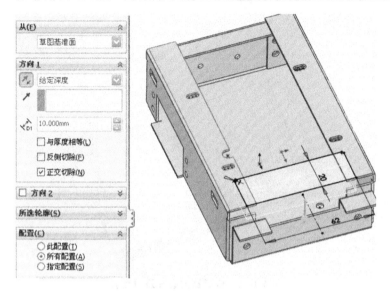

图 6-1-38　车架尾部切除部分材料

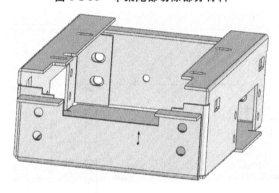

图 6-1-39　槽孔

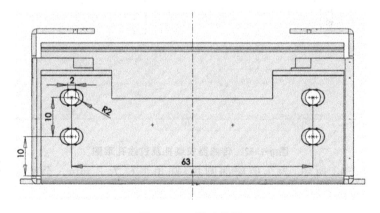

图 6-1-40　槽孔草图

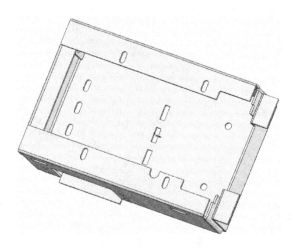

图 6-1-41　传感器安装孔及过线孔

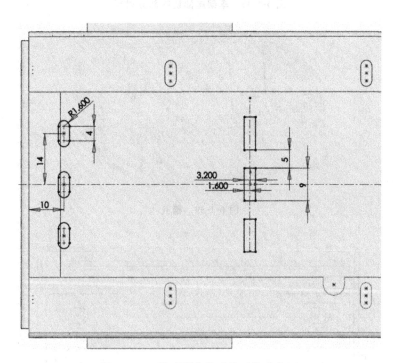

图 6-1-42　传感器安装孔及过线孔草图

如图 6-1-43 所示,为车架添加圆角,圆角半径为 2 mm。至此完成车架的建模。

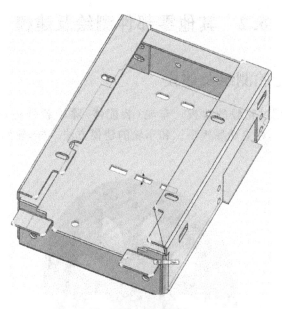

图 6-1-43　添加圆角

单击钣金模块工具栏中的"展开"按钮,可以将车架模型展开,如图 6-1-44 所示。再次单击该按钮,模型将恢复原样。

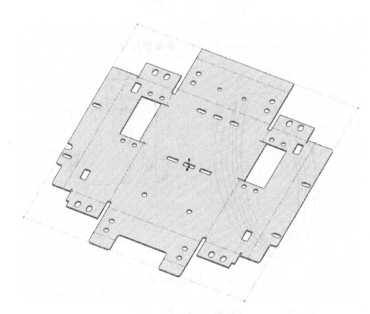

图 6-1-44　钣金模型展开

6.2　其他零部件测绘及建模

6.2.1　轮胎测绘及建模

前面已经介绍过轮毂的建模。车轮（装配体）除轮毂外还包括轮胎，请参考图 6-2-1和图 6-2-2，建立轮胎模型。和车轮的建模方法一样，轮胎也可以用旋转特征来建模。

图 6-2-1　车轮三维建模结果

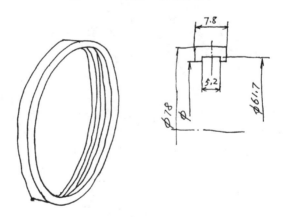

图 6-2-2　车胎的测绘尺寸

6.2.2　驱动轮舵机测绘及建模

参考图 6-2-3、图 6-2-4，建立驱动轮舵机模型。

图 6-2-3　驱动轮舵机建模结果

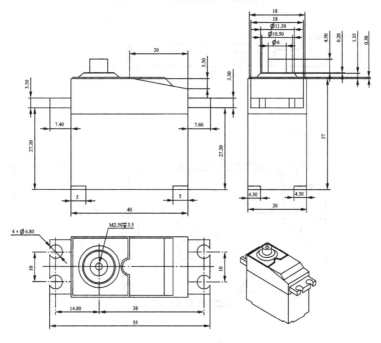

图 6-2-4　驱动轮舵机的测绘结果

6.2.3　电路板测绘及建模

智能小车采用了 Arduino 作为控制器,该控制器由开发板和扩展板两块电路板组成,如图 6-2-5(a)和图 6-2-5(b)所示。

读者可以自行测绘手头的开发板和扩展板(见图 6-2-6、图 6-2-7),通过自行建模得到它的三维模型,也可以直接调用本书附带的三维模型为后续装配使用。

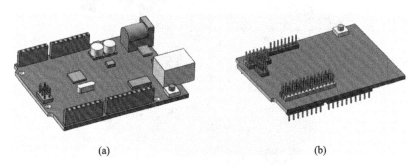

(a)   (b)

图 6-2-5　控制器电路板的三维模型

(a)开发板;(b)扩展板

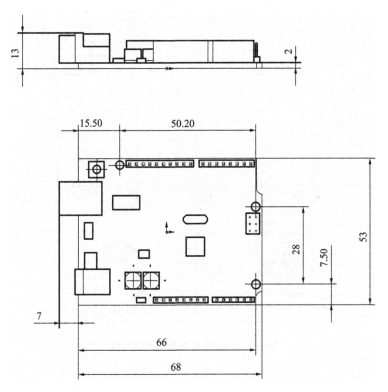

图 6-2-6　Arduino 开发板的测绘尺寸

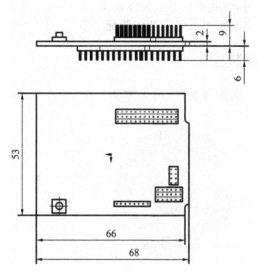

图 6-2-7　Arduino 扩展板的测绘尺寸

6.2.4　六角垫柱测绘及建模

六角垫柱用于支承电路板,其尺寸如图 6-2-8 所示。

在 SolidWorks 中建一个零件文件,选择上视基准面绘制一个六边形,采用拉伸特征向下拉伸,建一个六棱柱,以六棱柱的底面为草图基准面,以六边形的中心为圆心绘制一个圆,再向下拉伸形成一个圆柱,选中特征中的异形孔功能 ,在六棱柱的顶面上添加一个 M3 的螺纹孔。以上各个几何形体的尺寸均参考图 6-2-8。

完成后的三维模型如图 6-2-9 所示。

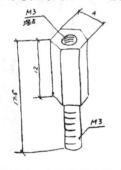

图 6-2-8　六角垫柱的尺寸

图 6-2-9　六角垫柱的模型

6.3　建立子装配体

对于包含大量零件的装配体,可以在总装之前,根据实际情况,先将部分零部

137

件装配起来,在总装时,将其作为子装配体调用。

以下介绍车轮、嵌装螺母和纸车架的装配。

6.3.1 车轮装配

新建 SolidWorks 装配体文件,插入零件文件"轮毂"和"轮胎",参考图 6-3-1,为两者添加配合。

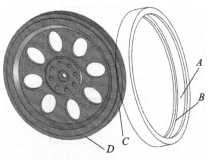

要素 1	要素 2	配合关系
圆柱面A	圆柱面C	同轴心
面 B	面 D	重合

图 6-3-1 轮毂与车胎的装配

6.3.2 嵌装螺母装配

新建 SolidWorks 装配体文件,插入零件"螺母座"。调用 SolidWorks 的零件库(参考 4.3.5 节),生成 M3 六角薄螺母,并将该螺母另存为一个新的 SolidWorks 零件文件,该文件应与嵌装螺母装配体文件保存在同一目录下。

参考图 6-3-2,为螺母和螺母座添加配合,然后再通过"插入零部件"或复制,添加一个 M3 六角薄螺母,将其装配到螺母座上,如图 6-3-3 所示。

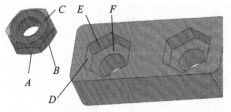

要素 1	要素 2	配合关系
面 A	面 E	重合
面 B	面 D	重合
面 C	面 F	重合(翻转)

图 6-3-2 螺母与螺母座的装配关系

图 6-3-3 嵌装螺母

6.3.3　车架装配

如图 6-3-4 所示,新建 SolidWorks 装配体文件,插入"车架"作为固定零件。通过"插入零部件"操作,添加四套嵌装螺母,此时嵌装螺母即作为子装配体被调用。调用 SolidWorks 的零件库,添加 M3×12 十字槽盘头螺钉,并将其另存为新文件,然后通过"插入零部件"操作,再添加三个 M3×12 十字槽盘头螺钉。

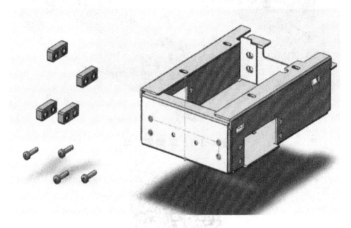

图 6-3-4　插入零部件

参考图 6-3-5,为车架、嵌装螺母、螺钉添加配合关系。四套嵌装螺母分别对应安装于车架四角,装配完成后,得到车架装配体如图 6-3-6 所示。

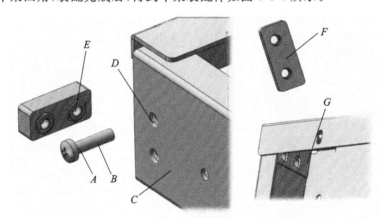

要素 1	要素 2	配合关系	要素 1	要素 2	配合关系
边线 A	面 C	重合	面 B	面 E	同轴
面 B	面 D	同轴	面 F	面 G	重合

图 6-3-5　车架、螺钉、嵌装螺母的装配关系

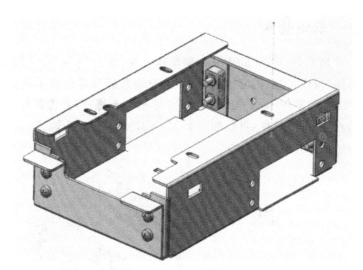

图 6-3-6　车架装配体

扫一扫,获取本章资源

第7章 整车的三维模型装配

图 7-0-1 所示的分解装配图直观地表达了智能小车各个部件之间的装配关系，但是用徒手绘制这样的装配图不是每个初学者都能做到的。好在现有的设计软件可以帮助我们做到，甚至做到更好。

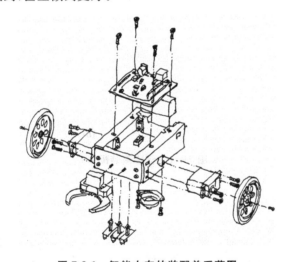

图 7-0-1 智能小车的装配关系草图

本章介绍如何将已有的零件或子装配体组装成完整的小车，然后以分解图的方式输出图样。

7.1 零部件的导入及装配

启动 solidWorks 软件，创建一个新装配体。在图 7-1-1(a)中选择浏览，在图 7-1-1(b)中找到车架子装配体所在的文件夹，将纸车架子装配体插入新建的装配体中，车架在装配体中将被自动添加为固定部件。

将机械手子装配体导入到装配图中，添加图 7-1-2(a)所示的配合，结果如图 7-1-2(b)所示。

导入驱动轮舵机(用于驱动车轮)，按照图 7-1-3 添加配合；再次导入驱动轮舵机，完成另一侧的装配，如图 7-1-4 所示。

(a)   (b)

图 7-1-1　创建新装配体

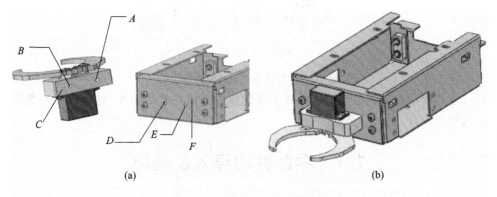

(a)   (b)

要素1	要素2	配合关系
孔边线A	孔边线E	同轴
孔边线B	孔边线D	同轴
面C	面F	重合

图 7-1-2　导入机械手装配体

(a)机械手与车架装配关系；(b)机械手与车架装配结果

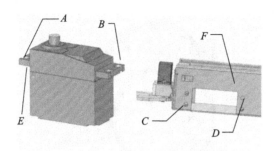

要素 1	要素 2	配合关系
孔 A	孔 C	同轴
孔 B	孔 D	同轴
面 E	面 F	重合

图 7-1-3 驱动轮舵机与车架装配关系

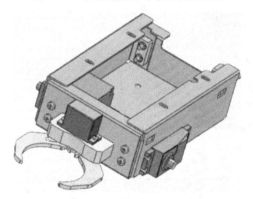

图 7-1-4 驱动轮舵机与车架装配结果

　　导入车轮子装配体,添加图 7-1-5 所示的配合。完成另一侧的车轮装配,结果如图 7-1-6 所示。

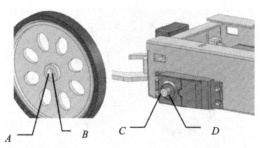

要素 1	要素 2	配合关系
圆柱面 A	圆柱面 D	同轴
端面 B	端面 C	重合

图 7-1-5 车轮与驱动轮舵机装配关系

图 7-1-6　车轮与驱动轮舵机装配结果

导入万向轮,添加图 7-1-7 所示的配合,结果如图 7-1-8 所示。

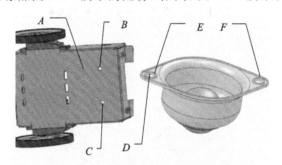

要素 1	要素 2	配合关系
面 A	面 E	重合
孔 B	孔 D	同轴
孔 C	孔 F	同轴

图 7-1-7　万向轮与车架装配关系

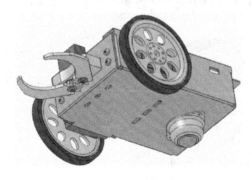

图 7-1-8　万向轮与车架装配结果

导入电路板座和 Arduino 开发板、垫圈,按照图 7-1-9 为板座和开发板,板座和车架添加配合,纸垫圈安装在 Arduino 开发板和板座之间,效果如图 7-1-10 所示。

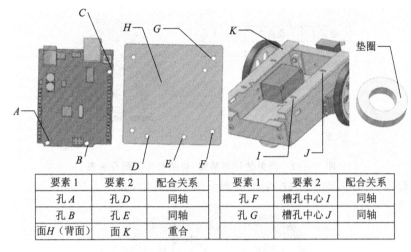

要素 1	要素 2	配合关系	要素 1	要素 2	配合关系
孔 A	孔 D	同轴	孔 F	槽孔中心 I	同轴
孔 B	孔 E	同轴	孔 G	槽孔中心 J	同轴
面 H（背面）	面 K	重合			

图 7-1-9　板座、开发板及车架的装配关系

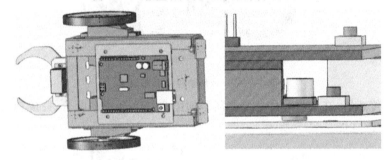

图 7-1-10　板座、开发板及车架的装配结果

　　导入 Arduino 开发板和扩展板，在扩展板的针脚中选择一个与对应的开发板针座对应的孔添加配合，针脚和针孔都是矩形的，请选择两组垂直面添加重合，排针端面和针座端面添加重合。结果如图 7-1-11 所示。

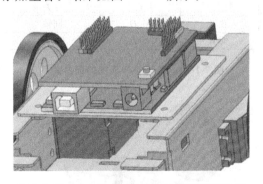

图 7-1-11　Arduino 开发板与扩展板装配结果

　　导入六角垫柱和垫圈，添加图 7-1-12 所示的配合，然后在垫圈与六角垫柱，垫圈与车架底面之间添加重合配合关系。

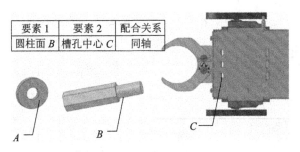

要素 1	要素 2	配合关系
圆柱面 B	槽孔中心 C	同轴

图 7-1-12　六角垫柱与垫圈,垫圈与车架配合关系

类似地,再导入两个垫柱,装配到剩余两个槽孔中,如图 7-1-13 所示。

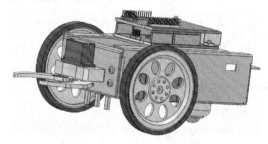

图 7-1-13　六角垫柱的装配结果

导入传感器,在垫柱和传感器之间添加图 7-1-14 所示的配合;完成剩余两个传感器的装配,如图 7-1-15 所示。

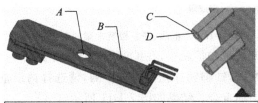

要素 1	要素 2	配合关系
孔 A	孔 D	同轴
面 B	面 C	重合

图 7-1-14　传感器与垫柱的配合关系

图 7-1-15　传感器的装配结果

添加固定舵机架的自攻螺钉,如图 7-1-16 所示;添加嵌套螺母及 M3×12 螺钉,共 6 套,其中 4 套用于固定舵机,2 套用于固定万向轮,如图 7-1-17 所示。

图 7-1-16　固定舵机架的螺钉

图 7-1-17　装配嵌装螺母

添加固定 Arduino 开发板、板座的螺钉,螺钉规格为 M3×12,如图 7-1-18 所示。

添加固定传感器的螺钉 M3×6,如图 7-1-19 所示;固定垫柱的螺母,如图 7-1-20 所示。

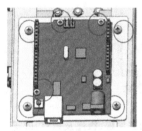

图 7-1-18　固定开发板、
　　　　　　板座的螺钉

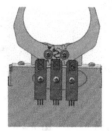

图 7-1-19　添加固定传感器
　　　　　　螺钉

图 7-1-20　固定垫柱的
　　　　　　螺母

7.2　制作爆炸视图

下面介绍为整车制作爆炸视图的过程。为论述方便,本节中提到的方位规定如图 7-2-1 所示。

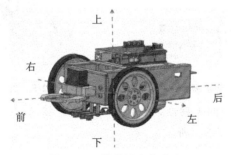

图 7-2-1　爆炸图方位定义

单击爆炸视图选项,为智能小车装配体创建爆炸视图,按模块爆炸拆分步骤如下。

步骤 1 拆分控制电路板模块。

如图 7-2-2 所示,选中固定板座和车架上的 4 颗螺钉,移动方向向上,距离可以自行选择,以能够清楚表现各个零部件为宜。

选中 Arduino 开发板、板座及相应的垫圈、螺钉、螺母,整体向上移动,如图 7-2-3 所示。

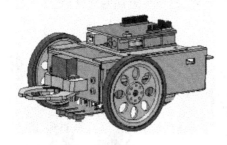

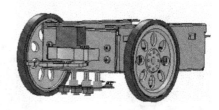

图 7-2-2 向上移动 4 颗螺钉　　**图 7-2-3** 向上移动开发板、板座及螺钉、螺母

向上移动 Arduino 扩展板,如图 7-2-4 所示。上移 Arduino 开发板和板座之间的紧固螺钉,如图 7-2-5 所示。

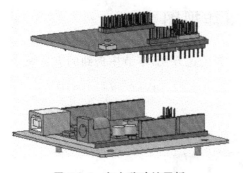

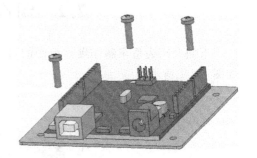

图 7-2-4 向上移动扩展板　　　　**图 7-2-5** 向上移动 3 颗固定螺钉

将 Arduino 开发板向上移动,如图 7-2-6 所示。将 Arduino 开发板和板座之间的垫圈向上移动,如图 7-2-7 所示。

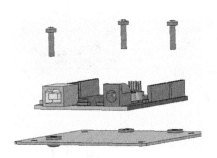

图 7-2-6　向上移动开发板　　　　　　　图 7-2-7　向上移动垫圈

如图 7-2-8 所示,将板座下的 3 颗螺母向下移动。

如图 7-2-9 所示,将固定板座和车架的 4 颗螺母向内移动 15 mm。在爆炸视图中,该操作分两步实现,先将左侧 2 颗螺母向右移动 15 mm,然后将右侧 2 颗螺母向左移动 15 mm。

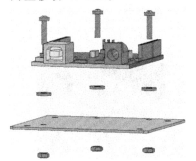
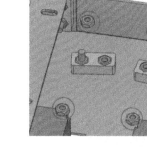

图 7-2-8　向下移动螺母　　　　　　图 7-2-9　向内移动固定板座和车架螺母

如图 7-2-10 所示,将 4 颗螺母向上移动。

步骤 2　拆分传感器模块。

将图 7-2-11 中的 3 颗螺母(用于将垫柱固定在车架底部)向上移动。

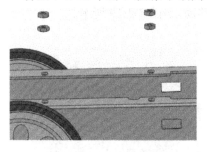
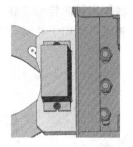

图 7-2-10　向上移动螺母　　　　　　　图 7-2-11　向上移动螺母

如图 7-2-12 所示,向下移动固定传感器的 3 颗螺钉(M3×6);然后向下移动 3 个传感器,如图 7-2-13 所示。再向下移动垫柱,最后移动垫柱和车架之间的垫圈,如图 7-2-14 所示。

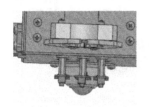

图 7-2-12　向下移动
螺钉

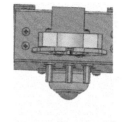

图 7-2-13　向下移动
传感器

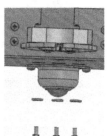

图 7-2-14　向下移动垫柱
和垫圈

步骤 3　移动机械手。

将固定机械手和车架的 2 颗盘头螺钉"拆下"。动作分两步进行,先将螺钉向后移动,如图 7-2-15 所示;再将螺钉向上移动,如图 7-2-16 所示。

图 7-2-15　向后移动螺钉

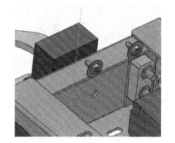

图 7-2-16　向上移动螺钉

将机械手子装配体向前移动,如图 7-2-17 所示。

步骤 4　拆分转向轮模块。

将固定转向轮的两组嵌套螺母向上移动,如图 7-2-18 所示。

将固定转向轮的 2 颗螺钉(M3×12)向下移动,如图 7-2-19 所示。

将转向轮向下移动,如图 7-2-20 所示。

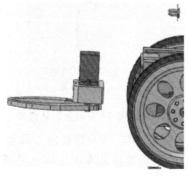

图 7-2-17　向前移动机械手

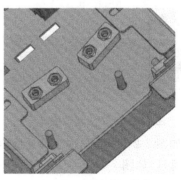

图 7-2-18　向上移动两组嵌装螺母

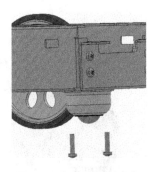

图 7-2-19　向下移动螺钉

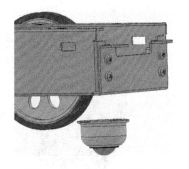

图 7-2-20　向下移动转向轮

步骤 5　拆卸车轮及舵机。

分两步将固定车轮的螺钉向两侧移除,如图 7-2-21 和图 7-2-22 所示。

图 7-2-21　移动左侧车轮固定螺钉

图 7-2-22　移动右侧车轮固定螺钉

如图 7-2-23、图 7-2-24 所示,分两步将车轮从舵机上移除。

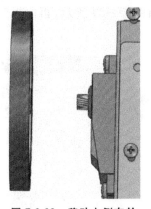

图 7-2-23　移动左侧车轮

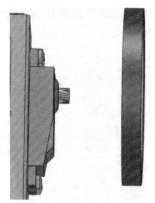

图 7-2-24　移动右侧车轮

将固定左侧舵机两组嵌装螺母向右移动,如图 7-2-25 所示,再向上移动,如图 7-2-26 所示。

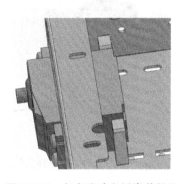

图 7-2-25　向右移动左侧嵌装螺母

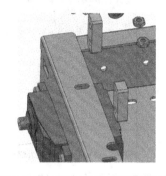

图 7-2-26　向上移动左侧嵌装螺母

如图 7-2-27 所示,将固定左侧舵机的 4 颗螺钉向左移动。

如图 7-2-28 所示,将左侧的舵机向左移动。

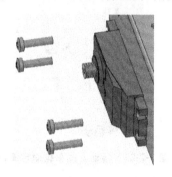

图 7-2-27　向左移动左侧舵机固定螺钉

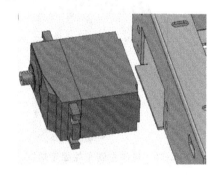

图 7-2-28　向左移动左侧车轮舵机

将固定右侧舵机两组嵌套螺母向左移动,如图 7-2-29 所示;再向上移动,如图 7-2-30 所示。

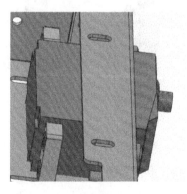

图 7-2-29　向左移动右侧嵌装螺母

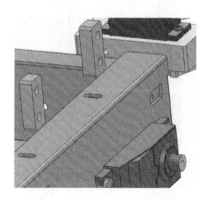

图 7-2-30　向上移动右侧嵌装螺母

将固定右侧舵机的 4 颗螺钉向右移动,如图 7-2-31 所示;再将右侧舵机向右移动,如图 7-2-32 所示。

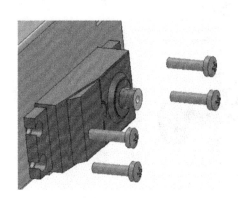
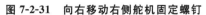

图 7-2-31　向右移动右侧舵机固定螺钉　　　　图 7-2-32　向右移动右侧车轮舵机

完成上述操作后,得到的爆炸视图如图 7-2-33 所示。

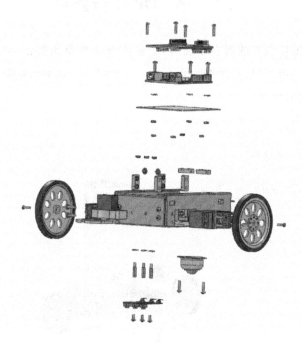

图 7-2-33　智能小车爆炸视图(机械手未拆分)

步骤 6　拆分机械手。

依照第 4 章介绍的机械手装配体爆炸视图制作过程,将机械手拆分,最后得到总装爆炸视图,如图 7-2-34 所示。

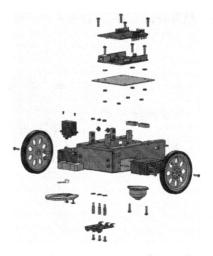

图 7-2-34 智能小车总装爆炸视图

7.3 添加爆炸步路线

完成制作爆炸视图的所有步骤后,单击爆炸直线草图按钮 ,进入爆炸直线草图编辑状态。单击"步路线"按钮,如图 7-3-1 所示。展开"视图"菜单栏,激活临时轴选项,方便后续操作。

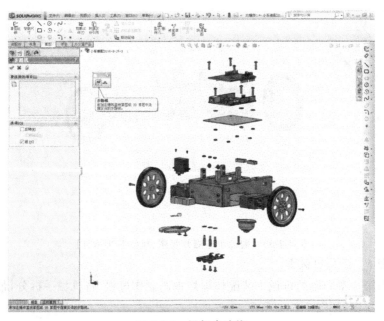

图 7-3-1 添加步路线

参考以下步骤添加步路线。

步骤 1 为 Arduino 开发板模块添加步路线。

选中一组用于固定 Arduino 开发板和板座的螺钉螺母的圆弧边线,在两者之间生成步路线。注意步路线的方向,如图 7-3-2 所示。单击确定按钮 ,生成步路线如图 7-3-3 所示。

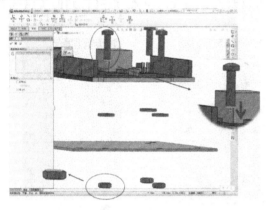

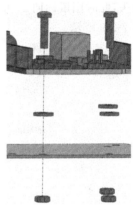

图 7-3-2 零件选择   图 7-3-3 生成步路线

选中用于固定板座和车架的螺钉的中心线和纸板上对应的螺钉过孔的中心线,在二者之间添加步路线,单击按钮 生成步路线,如图 7-3-4 所示。

单击按钮 ,退出"步路线编辑"状态,对步路线进行手动修改。选中该步路线的端点将重合关系删除,添加步路线与螺母中心线共线的几何关系,如图 7-3-5 所示。拖动步路线末端,向下延长,直到穿过车架上安装板座的对应的槽孔,如图 7-3-6 所示。

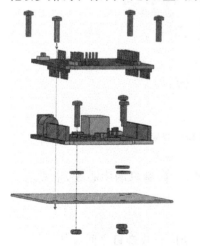

删除"重合"

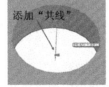

添加"共线"

图 7-3-4 添加步路线   图 7-3-5 修改步路线几何关系   图 7-3-6 延长步路线

此处提供手动修改的方法,是因为考虑到读者进行实际装配时,板座安装孔的中心未必与车架上对应的槽孔中心重合,此时直接在槽孔和板座固定螺钉之间添加步路线会比较麻烦。有兴趣的读者可以自行尝试。

如图7-3-7所示,选中上一步操作中生成的步路线和对应的螺母(固定板座和车架)的中心线,生成步路线。如图7-3-8所示,当光标靠近时,步路线上会出现小箭头,此时用鼠标向下拖动步路线,可以改变步路线的位置,最终得到的步路线如图7-3-9所示。

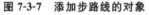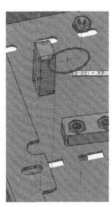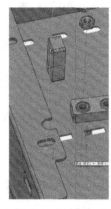

图7-3-7 添加步路线的对象　图7-3-8 编辑步路线　图7-3-9 完成步路线编辑

步骤2 为传感器模块添加步路线。

如图7-3-10所示,选中M3螺母(固定垫柱和车架)的圆周或中心线和M3×6螺钉(固定传感器和垫柱)的中心线,生成图7-3-11所示的步路线。

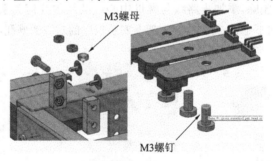

图7-3-10 选择传感器模块步路线对象

步骤3 为转向轮模块添加步路线。

如图7-3-12所示,选中一组用于固定转向轮的螺钉、螺母的中心线,生成的步路线如图7-3-13所示。

步骤4 为机械手模块添加步路线。

如图7-3-14所示,在舵机架和固定舵机架及车架的自攻螺钉之间添加步路线。

参考第4章机械手的爆炸视图,为机械手添加步路线,如图7-3-15所示。

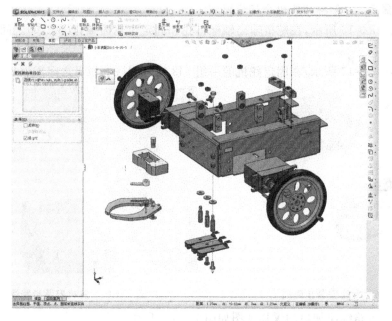

图 7-3-11　完成传感器模块步路线的添加

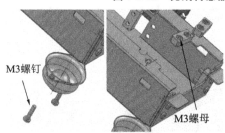

图 7-3-12　选择步路线对象

图 7-3-13　生成转向轮模块步路线

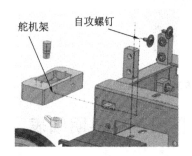

图 7-3-14　舵机架与车体装配步路线

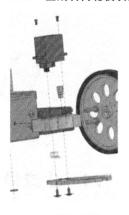

图 7-3-15　机械手模块步路线

步骤 5 为车轮和舵机添加步路线。

如图 7-3-16 所示,在舵机输出轴螺钉孔和固定车轮的螺钉(M2.5)之间添加步路线。

如图 7-3-17 所示,在固定舵机的一组 M3 螺钉和嵌套螺母之间添加步路线。

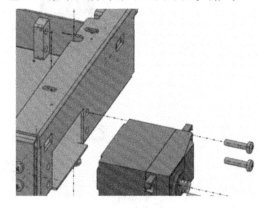

图 7-3-16 车轮安装步路线   图 7-3-17 舵机安装步路线

完成步路线添加后的爆炸视图如图 7-3-18 所示。

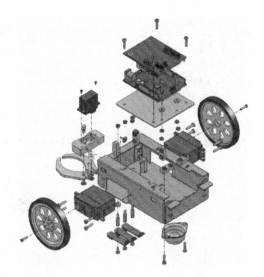

图 7-3-18 完成步路线添加后的爆炸视图

7.4 生成爆炸视图工程图及材料明细表

展开"文件"菜单,点击"从装配体制作工程图",如图 7-4-1 所示。SolidWorks

自动创建一个工程图文件,在弹出的对话框中设置图纸格式,如图 7-4-2 所示。

在右侧视图选项卡中选中"爆炸等轴测",将其拖曳到图纸上,在属性管理器中设置视图比例为 1∶1,如图 7-4-3 所示。

图 7-4-1　创建工程图文件　　　　　图 7-4-2　设置图纸格式

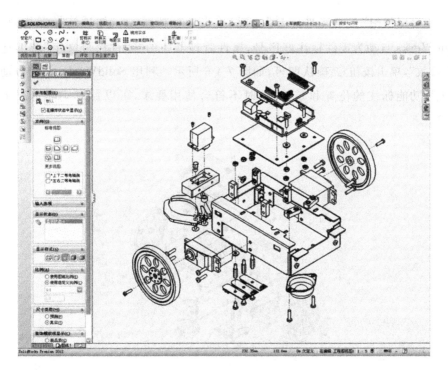

图 7-4-3　添加等轴测爆炸视图

在"注释"工具栏中,点击零件序号图标按钮 ，在属性管理器中选择"零件序号文字"为"项目数"(见图 7-4-4),为每一种零件添加编号,如图 7-4-5 所示。默认情况下,零件编号的数值与装配时导入零件的顺序相关联,此处,暂时不用更改。

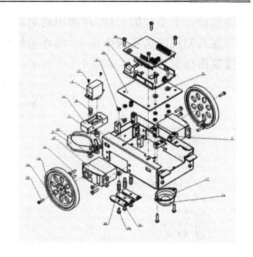

图 7-4-4　零件序号属性　　　　　　　　图 7-4-5　手动添加零件序号

也可以使用"自动零件序号"功能,单击图标按钮 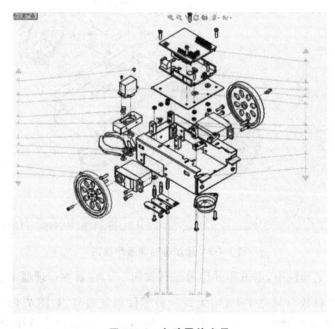,然后选择爆炸视图,SolidWorks 自动为零件标注好序号,属性管理器中的"零件序号文字"依旧选择"项目数",单击按钮 确认即可,如图 7-4-6 所示。利用 SolidWorks 系统自动零件编号功能标注的位置和零件,有时不符合使用要求,可以针对实际情况手动调整。

图 7-4-6　自动零件序号

展开"插入"菜单,再展开"表格"子菜单,选择"材料明细表",如图 7-4-7 所示。

图 7-4-7　插入材料明细表

选中爆炸视图,单击按钮 ✅ 确定,得到的 BOM 表(材料明细表)如图 7-4-8 所示。

项目号	零件号	数量
1	车架	1
2	螺母库	10
3	GB_FASTENER_NUT_SNAB1 M3-N	30
4	GB_CROSS_SCREWS_TYPE1 M3X12-12 H type-N	25
5	微型舵机	1
6	舵机架	1
7	一字舵盘	1
8	从动臂固定轴	1
9	驱动臂	1
10	从动臂	1
11	M2自攻螺钉	2
12	M2X6带垫自攻螺钉	4
13	轮毂	2
14	轮胎	2
15	标准型舵机	2
16	球轮套	1
17	球轮	1
18	Arduino 开发板	1
19	Arduino板库	1
20	Arduino电子积木扩展版	1
21	纸垫圈	6
22	寻迹传感器	3
23	六角铜柱_M3	3
24	GB_CROSS_SCREWS_TYPE1 M3X6-6 H type-N	3
25	GB_CROSS_SCREWS_TYPE3 M2.5X10-10-N	2

图 7-4-8　自动生成材料明细表

单击任意一个零件序号,弹出零件序号属性管理器。在"零件序号文字"属性一栏,"项目号"选项下方有一下拉列表,通过该列表,可以重新设置当前选中零件的序号,如图 7-4-9 所示。

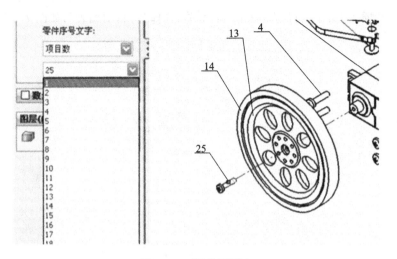

图 7-4-9　零件号更改

　　重新设置所有零件序号,使序号值依照顺时针方向或逆时针方向递增,如图7-4-10所示。

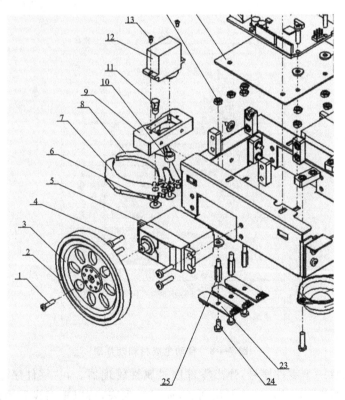

图 7-4-10　完成零件号更改

零件序号更改后,BOM 表中的内容会有相应的调整,新生成的 BOM 表如图 7-4-11 所示。

零件号	零件名	数量
1	GB_CROSS_SCREWS_TYPE3 M2.5X10-10-N	2
2	轮胎	2
3	轮毂	2
4	GB_CROSS_SCREWS_TYPE1 M3X12-12 H_type-N	25
5	标准型舵机	2
6	M2X6带垫自攻螺钉	4
7	从动臂	1
8	驱动臂	1
9	舵机架	1
10	一字舵盘	1
11	从动臂固定轴	1
12	微型舵机	1
13	M2自攻螺钉	2
14	GB FASTENER NUT SNAB1 M3-N	30
15	Arduino板座	1
16	Arduino 开发板	1
17	Arduino电子积木扩展版	1
18	纸垫圈	6
19	螺母座	10
20	车架	1
21	球轮	1
22	球轮套	1
23	寻迹传感器	3
24	GB_CROSS_SCREWS_TYPE1 M3X6-6 H_type-N	3
25	六角铜柱_M3	3

图 7-4-11　新生成的材料明细表

对照 BOM 表和爆炸视图上的零件序号,查找有无缺漏,为漏标的零件添加零件序号,当零件序号发生变化时,其余的零件序号和 BOM 表会自动做出调整。

7.5　总体外形图

在 SolidWorks 中新建工程图文件,选择 A3 的图纸,选择小车总装配体插入。

在模型视图属性管理器中取消"在爆炸状态中显示"选项,如图 7-5-1 所示。

方向选择"前视",如图 7-5-2 所示。部分读者可能建模或装配时使用的基准面与本书并不一致,请根据实际情况,选择最能表达模型信息的投影方向。选择投影方向时,勾选属性管理器中的"预览"选项,可以预先看到所选方向的效果。

设置比例形式为"自定义比例",比例为 1∶1,如图 7-5-3 所示。

将第一个视图拖入图纸范围内,鼠标左键单击图样,将视图放置在图纸上,然后鼠标向右或向下移动,添加另外一个视图,如图 7-5-4 所示。

图 7-5-1　取消爆炸状态　　　图 7-5-2　选择合适的视图　　　图 7-5-3　设定比例

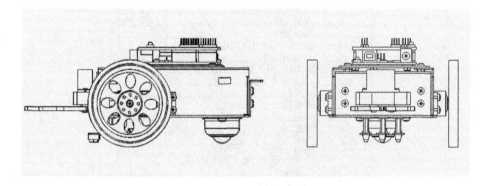

图 7-5-4　生成投影视图

单击草图工具栏中的智能尺寸标注按钮 ，在总体外形图中添加整个装配体的长、宽、高尺寸，如图 7-5-5 所示。

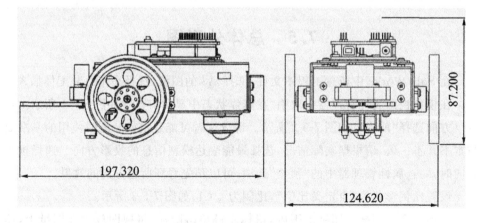

图 7-5-5　总体外形尺寸标注

装配体的总体外形尺寸没必要显示到小数点后三位，显示整数位即可。以图 7-5-5 中小车长度尺寸 197.320 为例，介绍改变显示的位数的方法：用鼠标点击图中的数字尺寸 197.320,在弹出的尺寸属性管理器中,将公差/精度(P)的小数位设置为"无",如图 7-5-6 所示,则刚被选中的尺寸将只显示整数,如图 7-5-7 所示。读者可按同样的方法改变小车宽度尺寸和高度尺寸的显示。

图 7-5-6　修改尺寸显示

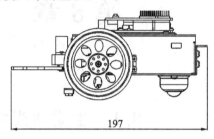

图 7-5-7　尺寸显示取整

扫一扫,获取本章资源

第8章 车架制作

8.1 生成激光切割加工用车架图样

本案例中的车架是采用卡纸作为基材,采用折叠方式制作的,卡纸在折叠之前,要加工成合适的形状和尺寸。激光切割是一种快捷的加工方法,下面介绍用激光切割机加工车架的过程。

激光切割机适用于平面切割加工。本例中的激光切割机所配套软件不能直接将三维模型转换成可以切割的平面图形。因此,在切割之前,必须先将三维模型转换为二维图形。如何将三维的车架模型转换成适合激光切割加工的图样呢?

打开车架的三维模型,如图 8-1-1 所示。

展开菜单栏中的"文件"选项,选择"从零件制作工程图",如图 8-1-2 所示。

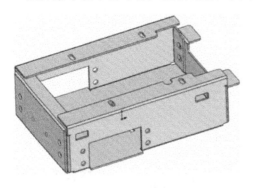

图 8-1-1　车架三维模型

图 8-1-2　创建工程图文件

SolidWorks 自动创建一个工程图文件,在弹出的对话框中选择 A4 规格的图纸,并取消"显示图纸格式"选项,然后单击"确定"按钮,如图 8-1-3 所示。

在视图调色板提供的视图选择中,用鼠标左键点击"平板型式",如图 8-1-4(a)所示,将其拖曳到图纸的合适位置,然后释放。当车架的展开图出现在图纸上时,如图 8-1-4(b)所示,按下键盘的"Esc"键,退出当前状态。

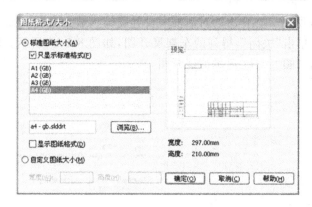

图 8-1-3　设置图纸格式

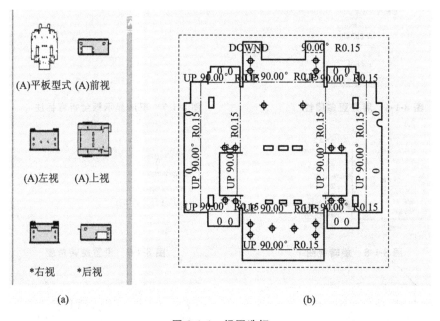

(A)平板型式	(A)前视
(A)左视	(A)上视
*右视	*后视

　(a)　　　　　　　　　　　　　　　　　(b)

图 8-1-4　视图选择

单击选中车架模型展开图,在属性管理器的"比例"选项中,选择"使用自定义比例"将视图比例设定为 1∶1,如图 8-1-5 所示。

点击在属性管理器的最底部的"更多属性"按钮,如图 8-1-6 所示,在弹出的工程图属性对话框中,取消"显示钣金弯折注释"选项,如图 8-1-7 所示,单击"确定"。车架展开图上的标注即被隐藏。

鼠标右键单击车架的平板形式视图,在弹出菜单中选择"缩放/平移/旋转",在展开的菜单中选择"旋转视

图 8-1-5　设定视图比例

图",如图 8-1-8 所示。在弹出的对话框中设置旋转参数为 90°,如图 8-1-9 所示,单击"应用",然后单击"关闭",得到的车架展开图,如图 8-1-10 所示。删除所有圆孔的中心线,得到如图 8-1-11 所示的展开图。

图 8-1-6　展开更多属性

图 8-1-7　取消显示钣金折弯标注

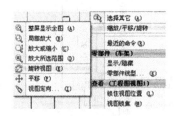

图 8-1-8　旋转视图

图 8-1-9　设置旋转角度

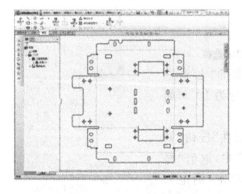

图 8-1-10　车架平板形式视图

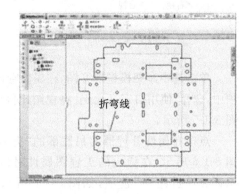

图 8-1-11　删除中心线

图 8-1-12 所示的是车架实物的一个局部。由于折弯时太厚的纸板外侧容易出现裂纹,为避免撕裂,需要在折弯线处加工出浅槽。

利用 SolidWorks 对工程图的编辑功能，可以在车架展开图上手动添加浅槽。

如图 8-1-13 所示，点击"草图"，调出草图绘制工具栏，选择绘制直线按钮 ↘，在折弯线附近绘制与折弯线平行的直线，再使用"智能尺寸标注"按钮 ◇ 标注折弯线与所绘直线之间的距离 0.6 mm。

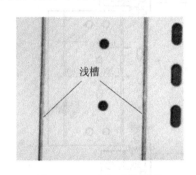

图 8-1-12　车架实物局部

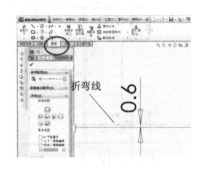

图 8-1-13　绘制浅槽边界

选中上一步骤所绘的直线，点击等距实体按钮 ⅂，在弹出的对话框中设置距离参数为 1.2 mm，如图 8-1-14 所示，SolidWorks 将在与原直线距离 1.2 mm 处自动绘制一段等长的新直线。通过勾选或"反向"取消图 8-1-14 中，可以改变等距线的偏置方向，直至得到图 8-1-15 所示的效果。

图 8-1-14　等距实体属性设置

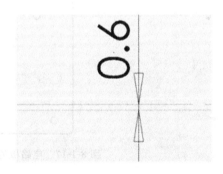

图 8-1-15　生成浅槽边界

在所有折弯线两侧绘制对称直线，两直线间的距离为 1.2 mm。最终得到结果如图 8-1-16 所示。将该文件另存为 .DXF 格式的文件。

不同的激光切割机对输入图纸的文件格式可能有不同要求，请结合实际情况选择合适的文件保存格式。

除车架外，电路板的板座也使用激光切割加工，直接将板座的工程图另存为DXF 格式的文件即可。如图 8-1-17 所示。

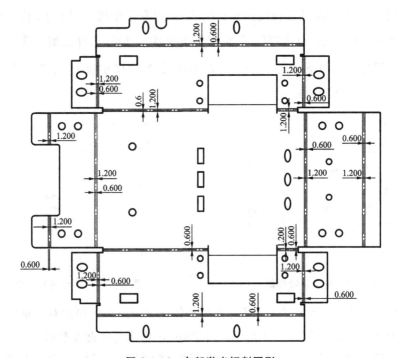

图 8-1-16   车架激光切割图形

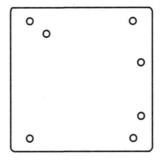

图 8-1-17   电路板的板座激光切割图形

8.2   加工车架和板座

1.激光切割设备简介

图 8-2-1 所示为加工车架和板座使用的激光切割机。本次加工所用的激光切割机需要配套抽风机(见图 8-2-2)及高压气源(见图 8-2-3)。图 8-2-4 为激光切割机的进气阀,用于干燥气流和调节气压。

图 8-2-1　激光切割机

图 8-2-2　抽风机

图 8-2-3　高压气源(管道)

图 8-2-4　进气阀

激光切割机上有固定的激光发生器和可移动的镜头组。激光器产生的光束经过镜头组反射、聚焦之后从出光口投射到工件上,在工件的局部产生较高的温度,使其烧损,从而实现切割目的。

激光切割机的内部如图 8-2-5 所示。

图 8-2-5　激光机内部布局

2.材料准备

准备激光切割机及相关配套设备,厚度为 1.5 mm 的 A4 规格或更大的硬卡纸,重物若干(用于压紧纸板)。

将平整的纸板放置在激光切割机的工作区,在纸板边角放置重物将其固定,如图 8-2-6 所示。

图 8-2-6　放入纸板

3. 激光切割机启动及手动控制

激光切割机的控制面板如图 8-2-7 所示。

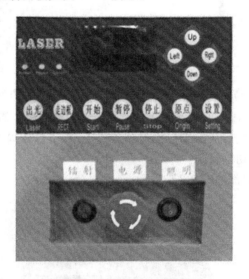

图 8-2-7　激光机的控制面板

确认接入电源插头后，按照箭头指向旋转电源按钮，激光切割机即通电启动。

（1）接通抽风机的电源，启动抽风机。未接通抽风机会使切割后生成的烟雾无法排除，导致空气污染，影响操作者的健康，也将损坏激光切割机，使其无法正常工作。

（2）打开高压气源。激光切割机的出光口有高压气流吹出，以防止气化的材料在镜头上凝结而影响加工效果。打开激光切割机的进气阀，正常情况下出光口处应有气流吹出，气流气压的大小可以通过图 8-2-4 所示的阀门调节。

表 8-2-1 是手动控制面板上各个按钮功能的简要介绍。不同的设备请参考其配套的说明书。

表 8-2-1　激光切割机手动控制面板按钮功能

序号	按钮名称	功能说明
1	Up	控制出光口向远离操作者方向运动
2	Down	控制出光口向靠近操作者方向运动
3	Left	控制出光口向操作者左侧运动
4	Right	控制出光口向操作者右侧运动
5	出光	手动控制激光器工作,按下该按钮,出光口有激光射出
6	走边框	出光口沿待加工图形的外边框快速空走一圈,用于检查是否超程
7	开始	开始执行计算机端控制软件下发的加工命令
8	暂停	使加工暂时停止,出光口停在当前位置
9	停止	强行终止加工过程,出光口返回原始位置
10	原点	使出光口移动到预先指定的位置(原点)
11	设置	手动设置机器的相关参数,如移动速度、激光功率等
12	镭射	按钮处于"ON"状态,激光器可以正常工作;处于"OFF"状态时,激光器不工作
13	电源	按钮处于弹起状态,激光切割机电源接通;处于下压状态,断电
14	照明	控制工作区的照明光

4. 对焦

通过"Up""Down"等进给按钮,将出光口移动到纸板上方,松开聚焦镜头紧固螺钉,如图 8-2-8 所示,调节镜头高度,直至出光口与纸板表面相距约 8 mm,如图 8-2-9 所示。图 8-2-9 中的量块是和激光切割机配套的对焦辅助工具。不同的激光切割机对焦高度可能有所不同,请按照厂家的说明书进行操作。

图 8-2-8　松开对焦镜头紧固螺钉

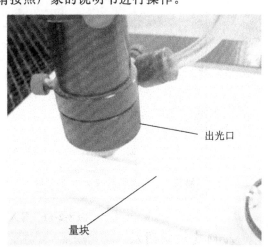

图 8-2-9　调节镜头高度

5.控制软件简介

图 8-2-10 所示为该激光切割机的控制软件界面。

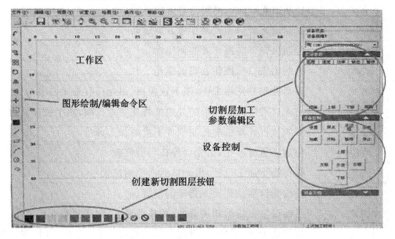

图 8-2-10　激光切割机软件界面

6.加工文件导入

点击"文件"→"导入"→选择保存为 DXF 格式的车架图样。

在工作区任意单击,图形边界的左上角点会自动对齐绘图区左上角点,如图 8-2-11 所示。

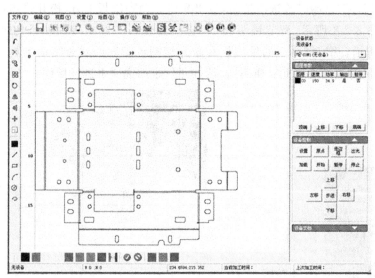

图 8-2-11　导入加工文件

7.创建切割图层

图样上的线条切割深度不尽相同,有的需要切透,有的只需浅浅的切痕。建立不同的切割图层,各层设置不同的激光输出功率,可以到达改变切割深度的效果。

选择所有槽孔、圆孔,点击软件界面下方的红色色块,将其归入切割图层 1。

选中不需要切割穿透的线段,即在 8.1 节中绘制的直线,点击软件界面下方的蓝色色块,将其归入切割图层 2。

同样,选中需要切割穿透的线段,即 8.1 节中由零件制作工程图时 SolidWorks 自动产生的线条。点击黑色块,将其归入图层 3。三类图层划分如图 8-2-12 所示。

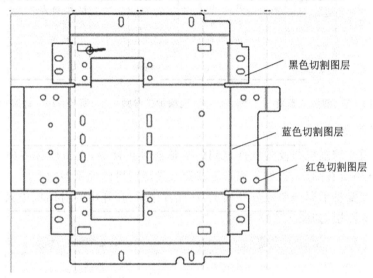

图 8-2-12　图层设置

在图层编辑区下双击需要编辑的图层,会弹出加工参数设置窗口,如图 8-2-13 所示。

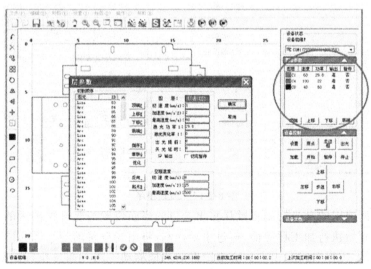

图 8-2-13　加工参数设置

分别依照图 8-2-14、图 8-2-15、图 8-2-16 设置红色图层、蓝色图层、黑色图层的加工参数。

图 8-2-14 孔、槽加工参数   图 8-2-15 浅槽加工参数   图 8-2-16 边线加工参数

8. 程序加载

确认激光切割机与控制软件之间的通信连接正常后,点击软件界面右下的加载按钮,选中所有图层,将加工程序下载到激光切割机的控制器内。

如果需要将不同的图层分开加工,加载程序时,在弹出的对话框中只勾选本次需要加工的图层,如图 8-2-17 所示。

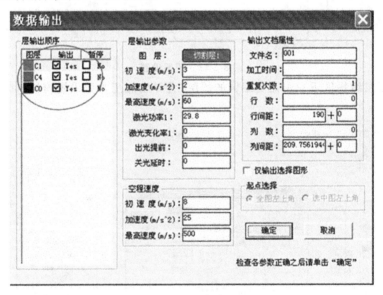

图 8-2-17 加载程序

本案例使用的激光切割机默认将出光口的当前位置与软件绘图区的左上角点对应。在开始执行加工程序前,通过手动控制,将出光口移动到合适的位置。

按下"走边框"按钮,出光口会沿图形的边框移动一圈。通过执行该操作,可以检查出光口当前位置是否合理,加工范围是否超出材料范围,是否超出机器行程等。

确认一切正常后,打开"镭射"按钮,机器处于允许激光输出的状态;按下"开始"按钮,机器开始依照载入的图层内容进行切割。将切好的部分取出,得到车架如图 8-2-18 所示。

车架加工完毕后,还需要加工电路板板座。板座用尺寸大于 100 mm×100 mm 的纸板加工,厚度约 1.5 mm。

新建一个切割文件,导入板座的 DXF 文件,将所有线条归入切割图层 1,依照切穿纸板的要求设置切割图层的加工参数(参考图 8-2-17),将文件下载到激光切割机,将纸板放置到位,完成对焦操作,检查加工范围及设备状态,确认无误之后。按下"开始"按钮,进行板座切割。图 8-2-19 所示为加工好的电路板板座。

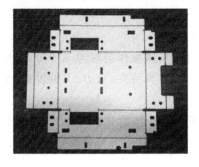

图 8-2-18 车架

图 8-2-19 电路板板座

8.3 制作嵌装螺母

嵌装螺母组件用于对车架的折叠部分进行可靠的连接,形成稳定的车架结构。制作嵌装螺母,需要先加工图 8-3-1 所示的螺母座。将螺母嵌入槽内,可以在后续的装配中带来极大的便利。每一个螺母座可以嵌套 2 个 M3 的螺母。

图 8-3-1 PPCNC 加工成的螺母座

螺母座的加工通过 PPCNC 完成,所用材料及工具见表 8-3-1。

表 8-3-1 加工螺母座所需材料及工具

序号	材料/工具	数量	序号	材料/工具	数量
1	$\phi2$ 平底铣刀	1	8	12 mm 开口扳手	1
2	ABS 板料(5 mm×50 mm×70 mm)	1	9	游标卡尺(精度为 0.02 mm)	1
3	PPCNC 薄板料加工夹具	1套2件	10	毛刷	1
4	手拧螺钉	4	11	吹球	1
5	纸垫(2 mm×50 mm×70 mm)	1	12	刮片	1
6	对刀器	1	13	锉刀	1
7	17 mm 开口扳手	1			

材料和工具与加工机械手齿轮臂所用的基本一样,不同之处在于加工螺母座用的板料厚度为 5 mm,刀具为 $\phi2$ 平底铣刀。

加工文件为"车架螺母座.NC"。

螺母座的加工与机械手齿轮臂的加工相似,具体操作请参考 3.4 节,完成机床启动及初始化、工件毛坯料厚度测量、工件装夹、刀具装夹、对刀、刀偏设置、加工代码加载、加工等一系列操作。

加工完成后,将螺母座取下,用锉刀清理毛刺。然后在槽内压入 M3 的螺母,如图 8-3-2 所示,保存好用于后续装配。至少需要制作 8 套嵌装螺母。此零件也可用 3D 打印机制作。

图 8-3-2 压入 M3 螺母

8.4 车架弯折成形

所需材料:8.2 节中制作的车架半成品,8.3 节制作的嵌套螺母 4 套,M3×12 平头螺钉 8 颗,配套十字螺丝刀 1 把。

将用激光切割出的车架沿着浅槽弯折成形,注意:没有浅槽的一侧作为外表面,如图 8-4-1 所示。

在图 8-4-1 中圈出的 4 个位置,用嵌套螺母和螺钉将车架四边固定,如图 8-4-2 所示。

图 8-4-1 嵌装螺母固定位置

图 8-4-2 车架弯折成形

扫一扫,获取本章资源

第9章 智能小车实物装配

9.1 舵 机 测 试

舵机是一种依靠脉冲电压驱动的电动机,广泛应用在遥控航模及机器人中。舵机的主要特点是:用不同的脉冲信号就能方便地控制它的转动方向、转动角度或转动速度。大部分舵机都内置一个齿轮减速器,用来增加输出的转矩。用一个信号源(计算机或其他电子装置)向舵机的驱动器发出脉冲电压,脉冲的周期不同以及脉冲的占空比不同,舵机转动的状态也不同。该电压被称为控制信号。图 9-1-1 所示的是一个矩形脉冲信号:在一个周期内的某个时间段电压是 5 V,其余时间为 0 V,如此不断重复。在一个周期内,高电压出现的时间长度与周期的时间之比称为占空比。

本例中,用于驱动车轮的连续旋转舵机如图 9-1-2 所示,就是通过输入不同的矩形脉冲信号控制其正、反转和停止的。

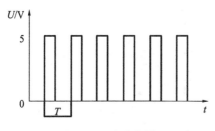

图 9-1-1 脉冲信号

图 9-1-2 连续旋转舵机

连续旋转舵机的控制原理如图 9-1-3 所示。正常情况下,当输入的信号的一个周期内包含持续 1.5 ms 的高电平和持续 20 ms 的低电平时,舵机保持静止;当高电平的持续时间为 1.3 ms 时,舵机顺时针方向转动;当高电平持续时间为 1.7 ms 时,舵机逆时针方向转动。

为保证舵机正常使用,通常在舵机使用前需要先调零。舵机在输入的信号为持续 1.5 ms 的高电平和持续 20 ms 的低电平时,舵机静止不动,所以,要给它输入一个这样的信号,确认它能呈静止状态。如果不能静止,就要通过调整装置加以调整。

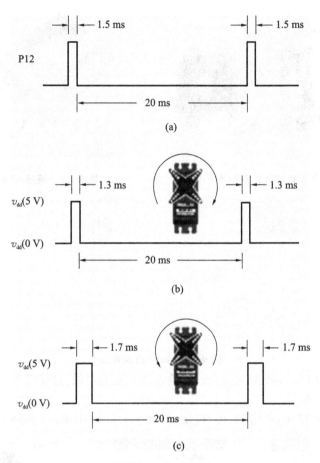

图 9-1-3　舵机控制

(a)舵机调零脉冲;(b)舵机顺时针方向转动脉冲;(c)舵机逆时针方向转动脉冲

下面介绍使用 Arduino 控制器输出脉冲信号调零的方法。

如图 9-1-4 所示,将舵机的引线连接到 Arduino 扩展板数字端口的 5 号端口。扩展板上的数字端口共有 14 个,用黄色针座的排针引出,针座旁边依次标注着数字 0 到 13。黄色排针旁边是一列红色排针和一列黑色排针。红色排针引出+5 V,黑色排针引出"地"。舵机引线中的白线与黄色排针的 5 号端口连接,红线和黑线分别连接红色排针和黑色排针。

按图 9-1-5,用 USB 通信线连接 Arduino 和计算机。

双击 图标,启动软件 Arduino IDE。

展开"文件"菜单,单击"打开",打开文件"Servo_debug"。

如图 9-1-6 所示,展开"工具"菜单,开发板选择"Arduino/Genuino Uno",将光标移动到"端口"选项,在展开菜单中选择"COM3"。

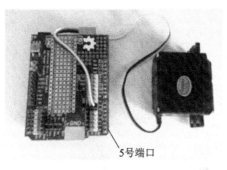

5号端口

图 9-1-4　将舵机接入扩展板 5 号端口

USB通信线

Arduino控制器

图 9-1-5　连接 USB 通信线

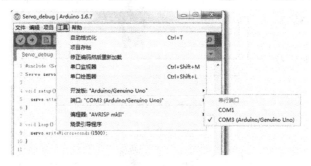

图 9-1-6　确认通信端口

如图 9-1-7 所示，单击"验证"按钮，检查指令有无错误，并将指令转换为 Arduino 可以识别的程序。

如图 9-1-8 所示，单击"上传"按钮，将程序上传到 Arduino 控制器。

验证

图 9-1-7　检查编译指令

上传

图 9-1-8　上传程序

图 9-1-9　十字调零旋钮

程序上传成功后，若舵机旋转，则用十字扳手向左或向右旋转舵机的调零旋钮（见图 9-1-9），直到舵机停止；若舵机不旋转，则用十字扳手向左轻轻旋转调零旋钮，看舵机是否可以正常转动，然后再向右轻轻旋转调零旋钮，直到舵机停止，完成调零操作。

依照同样的方法，对另一个舵机进行调零操作。

矩形脉冲信号并非一定要由 Arduino 输出，实际上更常用的方法是使用信号发生器等设备。读者可以根据实际条件选择最佳的测试方法。

9.2　车体装配

1.装配材料

车体装配需要用到的工具、材料如图 9-2-1 所示，具体用途见表 9-2-1。

图 9-2-1　主要零部件

表 9-2-1　材料及工具

序　号	说　　明	数　　量
1	车架	1
2	板座	1
3	Arduino 开发板	1
4	Arduino 扩展板	1
5	标准型连续旋转舵机（配套输出轴螺钉）	2
6	车轮	2 套
7	机械手	1 套
8	转向轮	1
9	TCRT5000 传感器	3
10	六角垫柱（M3×12＋6）	3
11	垫圈	6
12	嵌装螺母（M3）	4 套
13	M3 六角螺母	若干
14	M3×12 圆头螺钉	若干
15	M3×6 圆头螺钉	若干
16	M2 带垫自攻螺钉	若干
17	杜邦线（母对母）	9
18	十字螺丝刀	可共用
19	高度尺	可共用

2.车体装配步骤

步骤1 将舵机从外向内插入车架侧边的矩形孔,舵机轴靠近车头一侧。注意在安装舵机之前先对舵机进行调零操作。

步骤2 将嵌装螺母贴紧车架内壁和舵机侧壁,用 M3 螺钉穿过舵机固定翼,拧紧螺钉,固定舵机,如图 9-2-2 所示。

步骤3 将图 9-2-3 所示的轮胎轮毂装配成车轮。

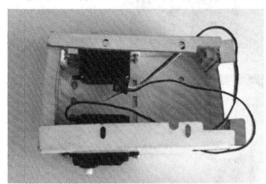

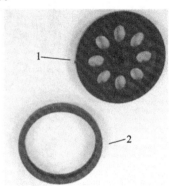

图 9-2-2 安装舵机到车架

图 9-2-3 装配车轮

1—轮毂;2—轮胎

步骤4 如图 9-2-4 所示,先松开舵机轴上的螺钉,再将车轮安装到舵机轴上,调整两车轮的平行度,然后用舵机输出轴配套的螺钉将车轮固定。

调整车轮平行度的方法如下。

将小车侧立放置,使一侧的车轮平贴在平整的桌面上,将高度尺的刃口轻轻搭在车轮上,调整两侧车轮,直到用高度尺测量圆周上三个近似均布的点时能得到基本一样的结果即可,如图 9-2-5 所示。

图 9-2-4 安装车轮到舵机

图 9-2-5 调整车轮平行度

步骤5 如图 9-2-6 所示,安装转向轮,用 M3×12 的螺钉固定。安装前请先检查转向轮上的小球是否可以顺利滚动。

步骤 6　如图 9-2-7 所示,用带垫的自攻螺钉把机械手固定到车架前端。

图 9-2-6　安装转向轮

图 9-2-7　安装机械手到车架

9.3　传感器的使用及安装

为使智能小车能沿给定场地上的黑线运动,这里使用 TCRT5000 传感器进行循迹。

TCRT5000 是一款反射式光电传感器,传感器上带有红外发射二极管和检测器,为传感器供电后,红外发射二极管持续发射红外光,当传感器靠近障碍物,红外光被反射。检测器是一个光电三极管,收到的光照强度变化时,电极之间的电阻会发生变化,从而最终导致输出电压的改变。

当检测器检测到反射的红外光时,传感器的输出电压由 0 V 变为 5 V。

传感器的测试方法如下。

按照图 9-3-1 连接电路,将万用表调至电压挡合适量程(大于但尽量接近 5 V),测量 OUT 端和 GND 端的电压(红色表笔接 OUT,黑色表笔接 GND),当没有物体靠近的时候,电压是 0 V,当有物体靠近的时候电压跳至 5 V。

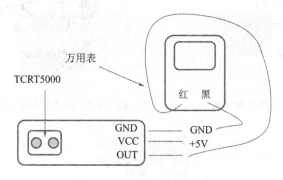

图 9-3-1　传感器测试电路

若没有合适的 5 V 直流电源,可以使用 Arduino 控制器提供的 5 V 输出,参考 9.1 节舵机测试部分。

如图 9-3-2 所示,用 M3 的螺母将垫柱固定在车架底部,垫柱和车架之间加上纸垫圈,用 M3 的螺钉将传感器固定在垫柱上。

如图 9-3-3 所示,将杜邦线的一端连接传感器的 VCC、GND 和 OUT,将另一端穿过车架底部的过线孔,以便于后续接线。

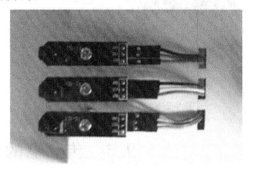

图 9-3-2　固定传感器　　　　　　　图 9-3-3　传感器接线

1—传感器;2—车架;3—垫柱;4—纸垫圈

9.4　安装开发板和扩展板

如图 9-4-1 所示,用 M3 螺钉和螺母将 Arduino 开发板安装在板座(扩展板)上。

如图 9-4-2 所示,用 M3 螺钉和螺母,将板座固定到车架上。

图 9-4-1　安装开发板到板座　　　　图 9-4-2　安装带开发板的板座到车架

扫一扫,获取本章资源

第10章 小车控制

10.1 Arduino 简介

Arduino 官方网站(https：//www. arduino. cc)对 Arduino 是这样定义的：Arduino 是一个开发各类设备,让你比台式计算机更能充分感知和控制物理世界的生态系统。Arduino 是一个基于一系列单片机电路板的开源物理平台,一个编写用于 Arduino 开发板的软件开发环境和一个拥有活跃开发者和用户的社区。

根据定义我们可以知道,Arduino 不仅仅是指 Arduino 开发板,而是一个开源的生态系统,它包括了控制板、软件和一个开源社区。自 Arduino 诞生以来,Arduino 团队推出了各式各样的控制板来满足人们的需求,并且在不断更新中。例如 Arduino UNO R3、Arduino MEGA 2560 等等。除此以外,还有很多非官方设计和生产的 Arduino 兼容控制板,例如 Makerduino UNO V3.0,这些控制板一般可根据 Arduino 的原理图(在 Arduino 官网上可以自由下载)进行一些调整和改进,以提升灵活度和用户体验。

图 10-1-1 所示的是 Arduino 兼容开发板 Makerduino UNO V3.0 和扩展接口板。Makerduino UNO V3.0 上有 14 路的数字量 I/O 接口(其中 6 路作为 PWM 输出)和 6 路的模拟量输入接口。工作电压为 5 V,输入电压推荐范围为 7～12 V。使用扩展板是为了方便连接多个传感器,以及扩充 I/O 接线端口。扩展板上的每一路 I/O 口旁边都有一个 5 V 端口和一个 GND 端口。

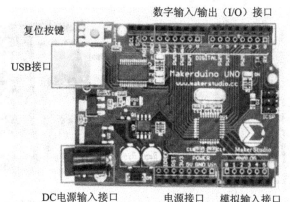

图 10-1-1 Arduino 开发板及扩展接口板

Arduino 有三种供电方式。其一,USB 接口直接供电;其二,直流电源通过 DC 电源输入接口供电;其三,电池连接电源连接器的 VIN 和 GND。当 VIN 有电时将忽略其他电源。

更进一步地了解 Arduino 和单片机,请参考相关书籍。

10.2　电　路　连　接

接线使用的线缆见图 10-2-1 和表 10-2-1。

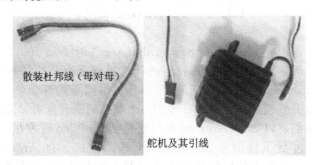

散装杜邦线（母对母）

舵机及其引线

图 10-2-1　线缆

表 10-2-1　各部位的线缆规格

A 端	B 端	线 缆 说 明
车轮舵机		端子间距 2.54 mm 杜邦线（舵机自带）
机械手舵机	Arduino 扩展板 I/O	端子间距 2.54 mm 杜邦线（舵机自带）
传感器		端子间距 2.54 mm 杜邦线（母对母），线长 200 mm,9 根

Arduino 扩展板的每路 I/O 接口（黄色针座,标记为 SIG）都毗邻一个 5 V 端口（红色针座）和一个 GND 端口（黑色针座）,如图 10-2-2 所示。

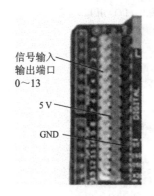

信号输入
输出端口
0~13

5 V

GND

图 10-2-2　Arduino 扩展板接口细节

图 10-2-3　传感器接口

使用散装的杜邦线,按照表 10-2-2 所示连接传感器(见图 10-2-3)与 Arduino 相应的接口。

表 10-2-2

Arduino 扩展板端口	寻迹传感器端口
5V	VCC
GND	GND
SIG	OUT

连接机械手的微型舵机和 Arduino 扩展板:该款舵机的橙、红、棕三根引线分别对应 Arduino 扩展板上的 SIG(黄)、5V(红)、GND(黑)端口。

连接车轮舵机和 Arduino 扩展板:舵机引线中的白、红、黑分别对应 Arduino 扩展板的 SIG(黄)、5V(红)、GND(黑)端口。

注意 Arduino 扩展板的 I/O 端口是有编号的,在图 10-2-2 中,输出端口排针针座(黄色)的左侧,编号从上到下,依次是 0、1、…、13。

为描述方便,将舵机和传感器依照图 10-2-4 编号。

依照表 10-2-3 中的对应关系,将各个舵机、传感器的输出口连接到 Arduino 扩展板上。

图 10-2-4 舵机及传感器编号

表 10-2-3

传感器/舵机编号	Arduino 扩展板的 I/O 接口编号
传感器 1	D2
传感器 2	D3
传感器 3	D4
舵机 1	D5
舵机 2	D6
舵机 3	D7

10.3 Arduino 编程环境简介

Arduino 开发平台包括了软件——Arduino IDE（集成开发环境），可以从 https://www.arduino.cc/en/Main/Software 上下载到最新的 Arduino 集成开发环境。

图 10-3-1 所示的是 Arduino IDE 1.6.7 启动后的操作界面，界面中的中间区域是工作区，里面出现的程序是 Arduino 程序的最小框架。我们可以在 Arduino IDE 1.6.7 上编辑程序，编辑好的程序（sketch）可以通过该软件直接固化（上传）到与计算机连接的 Arduino 开发板中，也可以通过 fritzing 等软件编写程序，上传到开发板中。

图 10-3-1　Arduino 软件操作界面

在 IDE 顶部的工具栏中有一串快捷键按钮，把光标放在它上面时会有相应的简单说明，详见表 10-3-1。

表 10-3-1　Arduino IDE 工具栏按钮

快捷键按钮	说　明
	验证：用来检查程序是否正确。如果程序正确，编译完成后，在 IDE 底部可以看到程序的相关信息；如果程序错误，底部会出现红色字母标注的错误，给出建议，同时在工作区，出现错误的地方会变成红色
	上传：按下它，程序会上传到控制板；也可以用它来检查程序是否正确，因为 IDE 在上传程序的时候会先对程序进行编译，如果程序没错，而且选择的板子类型和端口都没有错误，IDE 会将程序上传到 Arduino 开发板中。如果得到错误提示，应在工具菜单栏选择开发板类型和端口
	新建：新建一个 sketch 文件，会出现一个新的窗口
	打开：可以打开一个已有的 sketch 文件，包括示例文件
	保存：保存当前的 sketch 文件，注意，当前保存的名字仍不可以是汉字；保存后，会自动建立一个文件夹，文件夹中包含格式为 ino 的 sketch 文件
	串行口监视器：用来调试工具见图 10-3-2

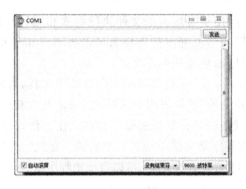

图 10-3-2　Arduino 串口监视器

使用 Arduino 编写、执行程序的一般过程如下。

（1）连接 Arduino 开发板和计算机。

（2）在 Arduino IDE 中编写程序。

（3）将程序固化到 Arduino 开发板的芯片中。

（4）固化完毕后，Arduino 会自动执行程序。

此后，每按一次开发板上的 Reset（复位）按键，程序就会重新开始执行。

以下简单介绍 Arduino IDE 的菜单及常用命令。

如图 10-3-1 所示，Arduino IDE 的菜单栏与典型的 Windows 窗口类似，包含文件、编辑等下拉菜单。

"文件"下拉菜单中除了常见的"新建""打开""保存""关闭"等命令外，还有设置 Arduino IDE 的命令"首选项"，在这里，可以设置 Arduino IDE 的语言等。另外，"示例"展开项中包含大量的例程可供参考学习使用。如图 10-3-3 所示。

"编辑"下拉菜单提供基本的文本编辑命令，如"复制""剪切""粘贴"等，如图 10-3-4 所示。

图 10-3-3　"文件"下拉菜单　　　图 10-3-4　"编辑"下拉菜单

如图 10-3-5 所示，"项目"菜单提供一些程序集成开发环境的特色操作命令，如

"验证/编译"操作命令,用于对现有的文件执行检查和编译操作,查看文件是否存在语法错误,若没有语法错误则将其转换为可以被 Arduino 开发板识别并执行的程序。加载库操作可以加载额外的库文件。

如图 10-3-6 所示,"工具"下拉菜单中提供有若干工具,需要特别注意"开发板"和"端口"展开项。"开发板"展开项用于选择 Arduino 开发板的类型,"端口"展开项用于确定与 Arduino 通信的是计算机的哪个端口。在上传程序前,必须正确选择开发板类型和端口,否则程序是无法上传到开发板的。在此"工具"菜单中,"自动格式化"功能也是非常实用的功能。使用它,可以自动把程序格式化,使其显得整齐美观。

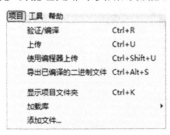

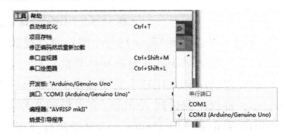

图 10-3-5 "项目"下拉菜单   图 10-3-6 "工具"下拉菜单

用 Arduino 开发板与计算机连接后,如果不知道正确的端口,打开计算机的设备管理器,可以在端口(COM 和 LPT)展开项中查找"端口"对应的端口号,一般是 COM3,如图 10-3-7 所示。

我们可以在"帮助"菜单中获得相应的帮助信息,如图 10-3-8 所示。

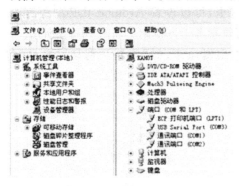

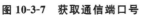

图 10-3-7 获取通信端口号   图 10-3-8 "帮助"菜单

10.4　控制智能小车沿直线运动

将智能小车上的 Arduino 开发板与计算机连接,启动 Arduino IDE,依照 10.3 节的介绍,在"工具"下拉菜单中选择正确的开发板类型和通信端口。

打开文件"Car_Link.ino",程序如图 10-4-1 所示,该程序的目的是控制智能小车直线前进。

每个舵机都存在细微的差异,以上程序中的若干参数需要根据实际情况进行调试,过程如下。

(1) 点击"验证/编译",将编译程序。

(2) 点击"上传"快捷键,将程序上传到 Arduino 开发板中。

(3) 将智能小车放在比赛场地(见图 10-4-2)的黑线上,若一开始智能小车就运动,则要微调图 10-4-1 方框 1 中原始值为 90 的两个参数,重新编译、上传程序,直至小车处于静止状态为止。

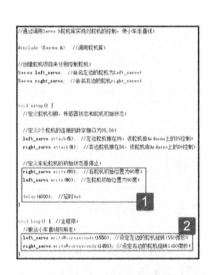

图 10-4-1 直线行走程序

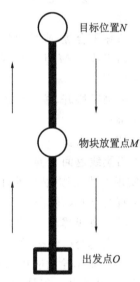

图 10-4-2 智能小车的比赛场地

(4) 完成上一步的调试后,可以将图 10-4-1 方框 1 中的 delay(4000);语句改为 delay(1000)。小车将由原来的先静止 4 s 然后运动,变成先静止 1 s 然后运动。

(5) 将智能小车放在比赛场地的黑线上方,尽量使车身的中轴线与黑线中心平行,若小车沿黑线直行,则可以结束调试,若小车偏向黑线左侧或右侧,可以调整图 10-4-1 方框 2 中 1550、1450 两个数值。具体方法如下。

若小车偏向黑线左侧,说明右侧车轮舵机转得过快,可将"right_serve. writeMicroseconds(1450)"语句中的"1450"改大,使右侧车轮舵机速度变慢;或将"left_serve. writeMicroseconds(1550)"语句中的"1550"值改大,使左侧车轮舵机速度变快。

若小车向黑色向右偏,说明左侧车轮舵机转快,可将"left_serve. writeMicroseconds(1550)"语句中的"1550"改小,使左侧车轮舵机速度变慢;或将"Right_serve. writeMicroseconds(1450)"语句中的"1450"改小,使右侧车轮舵机速度变快。

注意每次在计算机上修改参数后都要重新上传程序。

10.5 控制智能小车搬运物块

本节介绍一个综合性的例子。如图 10-4-2 所示，M 处放有目标物（一个塑料圆柱体），智能小车需要从 O 点出发，到达 M 点，然后用机械手将目标物块夹住搬运到 N 点，最后返回 O 点。

上述过程可以分解成以下动作。

（1）沿黑线从 O 点到达 M 点。

（2）停车。

（3）机械手合拢，夹住目标物块。

（4）沿黑线从 M 点到达 N 点。

（5）停车。

（6）机械手松开，放下物块。

（7）倒车。

（8）掉转车头。

（9）沿黑线返回 O 点。

要实现上述动作，智能小车需要具备以下能力。

（1）直行、倒退、转向。

（2）沿着黑线移动，并在行驶方向偏离黑线时，能够自动调整。

（3）检测是否已经接近目标物块。

当两个控制车轮的舵机以相同的转速、相反的方向旋转时，智能小车将以直线行驶。参考 10.4 节。保持同样的转速，但同时改变两个舵机的转向，智能小车将向相反的方向直线行驶。

当两个车轮的转速不一样时，智能小车就会向着车轮转速慢的一侧转弯；当控制车轮的舵机转速相同但是旋转方向相同时，智能小车会在原地打转。

控制舵机的方向和转速，参考 9.1 节和 10.4 节及相关资料。

但在实际中，两个车轮的转速是不可能时刻保持完全一致的，因而智能小车行驶一段距离后总会出现比较明显的偏转。当智能小车在比赛场地上沿黑线行驶时可以用以下方法纠正偏转。

在智能小车上安装 TCRT5000 传感器，一般情况下，当传感器的红外发射二极管发出的红外光遇到障碍物被反射，检测器检测到反射光时，输出端口 OUT 的电压由 0 V 变为 5 V，但是当障碍物是黑色的时候，红外光会被吸收，所以输出电压依然是 0 V。

比赛场地的底色是白色，所以智能小车放在场地的空白区时，传感器的输出电压为 5 V，而当某一个传感器位于黑线上方时，输出电压变为 0 V。

图 10-5-1 所示的是智能小车底部安装的三个传感器，当智能小车正常地沿着

黑线行驶时,中间的传感器检测到黑线,OUT 端口的电压会变成 0 V,而两侧的传感器则保持 5 V。当智能小车向右偏得足够多的时候,左侧的传感器会检测到黑线,OUT 的电压由 5 V 变成 0 V,这时可以调整两个舵机的转速,使得右侧车轮转速高于左侧,智能小车向左偏转,重新回到正轨。偏转的幅度可以通过调整传感器的角度、位置来控制。

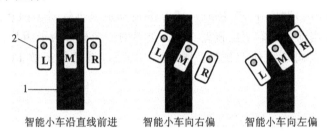

智能小车沿直线前进　　　智能小车向右偏　　　智能小车向左偏

图 10-5-1　使用三个传感器检测前进方向

1—黑线;2—传感器

当智能小车接近物块放置点 M 或者靠近目标位置 N 时,三个传感器都会检测到浅色,OUT 的电压都会变成 5 V,这时即可以让智能小车执行相应的动作(停车、开合机械手等)。

可以通过程序使 Arduino 时刻监视传感器的输出信号(OUT 端口的电压信号),根据实际的情况采取相应的措施。

图 10-5-2 所示的是本节配套 Arduino 程序的主函数,程序被上传到 Arduino 开发板后,Arduino 开发板就不断地重复执行这一程序。

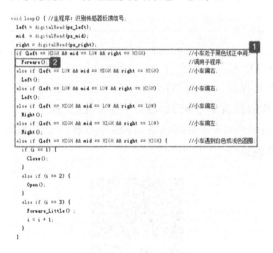

图 10-5-2　主函数程序

方框 1 中的"if···""else if···"等语句用于判断当前智能小车所处的状态,如果判断条件得到满足,就执行紧接着的语句,如果不满足就跳到下一句。

例如,语句"if (left ＝＝HIGH ＆＆ mid＝＝LOW ＆＆ right＝＝HIGH)"表示"如果当前状态是左侧的传感器输出 5 V 且中间的传感器输出 0 V、右侧的传感器输出 5 V";如果当前状态确实与描述的条件吻合,那么 Arduino 开发板就会执行紧接着的"Forware()"语句;如果不吻合,Arduino 开发板就进行下一个状态判断"else if……"。

而"Forware()""Left()""Right()"等语句分别提供针对不同状态的对策,告诉智能小车在当前的状态下应该怎么做。类似的语句被称为子函数。它们包含的具体内容可以在同一文件中找到。图 10-5-3 所示,就是子函数 Left()和子函数 Right()的程序。

```
void Left() {                           //子程序:小车向左偏;
    right_servo.write(91);
    left_servo.write(93);
}

void Right() {                          //子程序:小车向右偏;
    right_servo.write(93);
    left_servo.write(95);
}
```

图 10-5-3　子函数程序

部分子函数的功能说明见表 10-5-1。

表 10-5-1

函数名	功能	函数名	功能
Forware	直线行走	Right	向右转
Forware_Little	直线行走一段距离	Close	机械手合拢
Turn_back	掉头	Open	机械手打开
Left	向左转		

启动 Arduino IDE 后,打开文件"Car_Straight_Line. ino",可以调出该程序。请尝试将程序上传到智能小车的 Arduino 开发板,然后观察智能小车在比赛场地上的运动,尝试调整的位置和子函数程序中的参数,实现本节开头描述的任务。

注意:调试时请结合 10.3 节的内容,仔细思考若一个参数改变,最终会对智能小车产生什么样的影响。

扫一扫,获取本章资源

第11章 利用计算机进行工程计算

计算机已经广泛应用于现代工程实践,而在机械领域,最显著的例子就是 CAD、CAM、CAE 三大类技术。读者在前面任务中接触的三维建模,就是 CAD (computer aided design,计算机辅助设计)技术的一个典型应用;数控加工、3D 打印则是 CAM(computer aided manufacturing,计算机辅助制造)技术的典型应用;本章介绍的有限元分析则属于 CAE(computer aided engineer,计算机辅助工程)技术。

11.1 从 Excel 的计算功能说起

Microsoft Office Excel 软件是一种具有计算功能的电子表格,金山 WPS 软件也有同类的电子表格,现在绝大多数计算机都装有这类软件。

本节通过一个正弦函数的例子介绍如何使用 Excel 软件进行简单的工程数学计算。

1)建立函数表

建立一张正弦函数的函数表,即满足关系 $y = \sin(x)$ 的一组 x、y 值列表。其中 x 是角度值,在 $[0°,360°]$ 中每间隔 $10°$ 取一个值。

2)绘制函数曲线

根据上述函数表中的数据绘制 x-y 关系曲线。

3)已知函数值反求自变量的值

在上述函数中,任意给定一个 y 值,求对应的 x 值。

1. 建立函数表

点击桌面左下角的"开始"按钮 ,选择"所有程序"→"Microsoft Office" →"Microsoft Office Excel",新建一个 Excel 文件,如图 11-1-1 所示。

在 Excel 中任选一个单元格,输入"x";在右侧单元格输入"y = sin(x)",如图 11-1-2 所示。

在"x"下方的单元格依次输入 0、10,如图 11-1-3 所示。

框选"0"和"10"两个单元格,将光标移动到选框的右下角,待光标的形状变成一个小"十"字时,按住鼠标左键向下拖曳,Excel 会按照"0,10,20,…"的规律自动填充被框选的单元格,如图 11-1-4 所示。一直向下拖动鼠标,直到"x"值填充到 360。

图 11-1-1　新建 Excel 空白表格

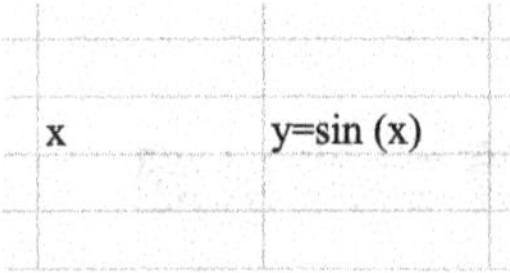

x	y=sin (x)

图 11-1-2

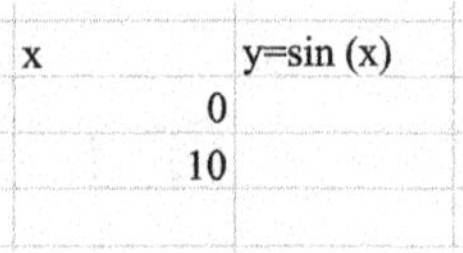

x	y=sin (x)
0	
10	

图 11-1-3

在"y"下面一个单元输入"＝sin(B4)",其中"4"、"B"分别是"0"所在单元格在横、竖方向的编号,也称为行号、列号,可以在表格上方看到列编号值,在左方看到行编号值。如图 11-1-5 所示,请根据实际情况输入。按回车键确认后,单元格中将给出"0"对应的正弦值。

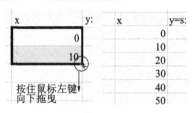

图 11-1-4　拖曳填充等差数值

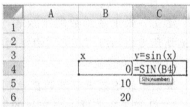

图 11-1-5　输入计算公式

按住鼠标左键,框选上一步输入数值和公式的两个单元格,将光标移到其右下角,待光标形状变成小"十"字后,按住鼠标左键,向下拖曳,单元格中将自动填充数字 10,20,…对应的正弦值,如图 11-1-6 所示。

观察上面的数据,发现"sin10°"对应的值是负数,这显然不对。出现这种情况的原因是:Excel 在计算正弦值时,默认使用弧度制,这里是将 10° 当成 10 rad 来计算的。

为此,用鼠标左键双击输入函数的单元格,对原函数进行编辑,如图 11-1-7 所示,在正弦函数内再嵌套一个函数 Radians(),该函数的功能是将弧度值转换为角度值。

按回车键确认,然后拖曳该单元格向下,重新完成函数表填充,如图 11-1-8 所示。

仔细观察单元格中的数据,会发现部分数值比较"怪异"。如图 11-1-9 所示,

360°对应的正弦值本应该为"0",此处却是"−2.4503E−16"。这是计算机中常见的数值表示方法,其含义是:−2.3503×10⁻¹⁶,即−0.00000000000000024503。由于计算机计算时存在舍入误差,所以出现了计算结果与理论值不相等的情况,但是它已经足够精确。在工程问题中,能够得到数学意义上的"精确解"的情况是非常罕有的,所以对数据的要求是:只要精确到满足应用要求即可。

x	y=sin(x)
0	0
10	−0.544021111
20	0.912945251
30	−0.988031624
40	0.74511316
50	−0.262374854

图 11-1-6　拖曳复制计算公式

x	y=sin(x)
0	=SIN(radians(B4))
10	−0.544021111
20	0.912945251
30	−0.988031624
40	0.74511316
50	−0.262374854

图 11-1-7　修改公式

x	y=sin(x)
0	0
10	0.173648178
20	0.342020143
30	0.5
40	0.64278761
50	0.766044443
60	0.866025404

图 11-1-8　重新拖曳复制公式

320	−0.64278761
330	−0.5
340	−0.342020143
350	−0.173648178
360	−2.4503E−16

图 11-1-9　计算 360°的舍入误差

2. 绘制曲线

如图 11-1-10 所示,单击菜单栏中的"插入",在图表选项中单击"散点图",然后选择"带平滑线和数据标记的散点图",工作区中会生成一张空白的图表,如图 11-1-11 所示。

空白图表生成时,Excel 顶部的工具栏会自动切换到"设计"类。单击工具栏中的"选择数据"按钮,框选"x""y"两列的所有内容,如图 11-1-12 所示,然后单击数据选择对话框中的"确定",如图 11-1-13 所示。原本空白的图表区出现"y＝sin(x)"的曲线,如图 11-1-14 所示。读者可以自行尝试绘制其他类型的图表。

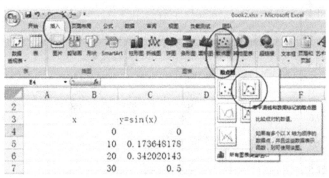

图 11-1-10　插入散点图

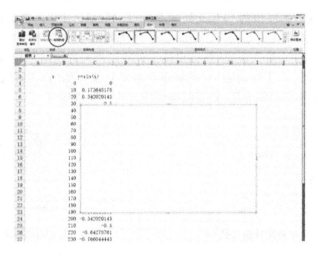

图 11-1-11　生成空白图表

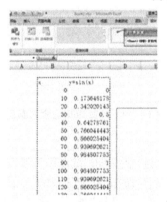

图 11-1-12　数据选择

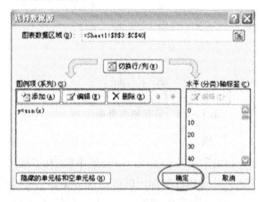

图 11-1-13　确认图表数据

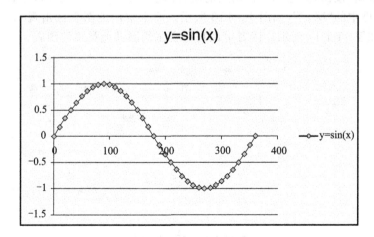

图 11-1-14　绘制曲线

3.反求自变量

反求自变量实际上是一个解方程的过程,即已知 y 值求 x。如本例中已知 x 的正弦值为 0.985,求 x。

对于正弦函数,最容易想到的方法是使用反正弦函数,Excel 的函数库中也提供了反三角函数。如图 11-1-15 所示,在用于表示因变量的单元格输入"=180/pi() * ASIN(E27)",其中"E27"是对应的自变量所在单元格,"180/pi() * "用于将反正弦函数返回的弧度值转换为角度值。自变量值输入 0.985,得到结果为 80.063633,如图 11-1-16 所示。

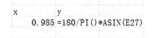

x	y
0.985	=180/PI()*ASIN(E27)

x	y
0.985	80.063633

图 11-1-15 输入反正弦函数　　　　　　**图 11-1-16 求得反正弦值**

另一种方法是使用 Excel 的单变量求解功能。

单击菜单栏的"数据",将工具栏切换到数据类。单击"假设分析",选择"单变量求解"(见图 11-1-17)弹出"单变量求解"对话框。单击对话框中的 按钮,可以在表格中选择数据。"目标单元格"一项选择含有因变量表达式的单元格;目标值填写已知的因变量值,如本例的 0.985;可变单元格选择用于与目标单元格对应的自变量值,Excel 以此为参考,推算目标值对应的自变量,如图 11-1-18 所示。

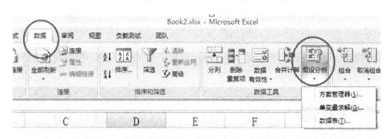

图 11-1-17 启动单变量求解

运用此方法,本例得到结果是:"79.993448°的正弦值是 0.98478789",如图 11-1-19 所示,与反正弦函数的计算结果相差约 0.07。

用于计算的可变单元格的值不同,得到的结果一般会有差异。例如,使用"80,0.984807753"计算时,得到的结果是 80。但是使用"90,1"计算时,结果却是 99.9,与前面的计算值相差非常大,这是因为正弦函数在 90°两侧的值是对称的。99.9°对应的正弦值是 0.9851092。

输入目标值0.985

y=sin(x)

0	0
10	0.173648178
20	0.342020143
30	0.5
40	0.64278761
50	0.766044443
60	0.866025404
70	0.939692621
80	0.984807753
90	1
100	0.984807753

40	0.64278761
50	0.766044443
60	0.866025404
79.993448	0.98478789
80	0.984807753
90	1

图 11-1-18　数据选择　　　　　　　　　图 11-1-19　单变量求解结果

对于反函数不容易求得的函数,单变量求解的作用更显突出。如图 11-1-20 所示,函数 $y=\sin(x)+x/5$,已知 $\sin(x)+x/5=0.5$,欲求 x。求解过程如下。

先在 Excel 中选中"工具"→"单变量求解",如图 11-1-21 所示。

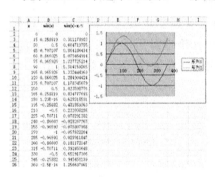

图 11-1-20　　　　　　　　　　　　　图 11-1-21

再按图 11-1-22 进行如下设置:在函数值所在的列中,找到一个比较接近已知函数值 0.5 的单元。C23 所在的单元格的值为 0.392450648,符合要求。以 C23 单元格为目标单元格,目标值设为期望的值 0.5,将其所对应的自变量所在的目标单元格 A23 设定为可变单元格。

点击"确定"后,生成图 11-1-23 所示的结果。其中当前解为 0.499954238,与目标值 0.5 有一定的误差。造成这种误差的原因是,软件中的计算精度设置偏低,如果提高计算精度可以减少误差。但是,精度设置得太高的话,可能会因为计算不收敛而算不出结果。关于计算精度的设置方法,读者可以参考 Excel 软件的相关资料。

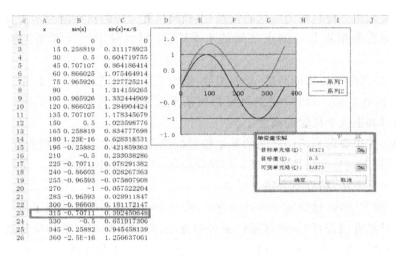

图 11-1-22

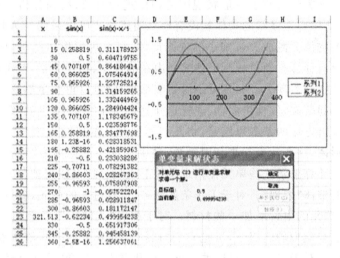

图 11-1-23

Excel 这样的办公软件,虽然能够应对求解正弦函数或者更复杂一些的工程数学问题,但是对于更复杂的工程问题,如飞机机身强度、刚度分析,发动机曲轴受力、受热分析、发动机缸体的热传导问题等就显得无能为力了。对于这样的问题,工程上有专门的应对方法和专用的计算软件。有限元分析方法及相应的软件就是当代机械工程领域分析复杂机械零部件的最流行、最有效的工具。

11.2 有限元分析方法简介

当我们要知道一栋大楼各个位置的高度时,可以先在地面上找一个观测点,测量(通常是采用一种叫做全站仪的仪器)出被测位置与观测点连线与水平线之间的夹角,再测出测量点与被测点之间的水平距离,用勾股定理计算出被测位置的高度。

也可以测出单层楼的高度,然后编号,地面0号,第一层房顶1号,第二层房顶2号……以此类推。这样,我们只要找到某个位置所在的号码,然后乘以一个层高,就可以知道这个位置的高度了。

当然,如果要得到两层之间的某个位置的高度,后面的方法就可能存在误差,这个误差最大就是半层楼的高度。如果每层楼的高度变小,如只有一层砌砖的高度,误差也会变小,精度便会随之提高。

第二种方法,通过分割和编码的方式,将复杂的测量和计算变成了简单的测量和计算,虽然有误差,但是可以通过细分的方法,将误差减小。这种将复杂问题求解变成很多简单问题求解的方法就是"有限元"方法。工程实践中,有很多奇形怪状的零件。科学家早就有了对形状规则的物体进行有效、精确分析计算的数学公式,但是对于那些奇形怪状的物体就没有什么通用公式可以采用。为此,科学家们将奇形怪状的物体分割成大量细小的规则形体,每个规则形体都可以通过简单的通用公式来分析计算。通过规则形体之间内在的数学、物理关系,就可以推算到物体任何部位的物理表现了。只要分割得足够细小,就可以得到足够高的计算精度。这样对于飞机起落架,发动机曲轴、连杆这样复杂零件的分析,也就都不在话下了。

有限元分析方法的基本思路是:将几何形状复杂的研究对象分割成大量形状规则的细小形体,这些计算起来相对简单、精确的细小形体称为"单元",通过计算机进行海量的计算求解这些单元在指定条件下的"表现"来预测被分析对象在指定工作条件下的整体"表现"。对于工作条件恶劣、负载过大的单元,就可以去"增援"它们,在这些单元的附近增加一些材料。对于那些"太清闲"、负载过小的单元,在不影响整体承载能力的前提下,可把它们"撤掉",以减少零件的整体重量,使整体结构得以优化。对于飞机、卫星这种对每一克升空质量都会"斤斤计较"的航空、航天设备,通过这种计算可以让零件设计得更加轻巧,减少升空所耗费的燃料或增加有效的升空载荷,从而获得更大的效益。

如果不用有限元分析方法,我们只能用实物试验来进行结构优化,把零件放到真实环境中使用,一个个用到失效,看看哪里薄弱,再一次次改进。可想而知,那是多么费时、费钱的试验呀!

利用有限元分析方法求解实际问题往往需要进行海量的计算,通常需要借助"高大上"的计算机,一道题算上几天几夜是常有的事。提高运算速度和运算精度是科学家们一直在追求的目标。如果你有好的数理化天分,一不小心研究出速度更快、精度更高的计算方法,你就会窜到科学家的行列中去了。

现在已有众多的有限元分析软件可供机械行业使用,如 ANSYS、Nastran、

Abaqus 等。

本节将通过两个实例,用 SolidWorks 软件中的 Simulation 模块来简单介绍有限元分析方法的基本内容。

11.2.1 悬臂梁分析

如图 11-2-1 所示,将一段长 160 mm、宽 15 mm、厚 3 mm 的 ABS 板料的一端固定,另一端(末端)悬挂质量为 10 g 的重物,组成悬臂梁结构。现用 SolidWorks 的有限元分析模块,来分析该悬臂梁末端在竖直方向上的挠度(衡量弯曲变形程度的一个物理量,参见 11.2.9 节)。

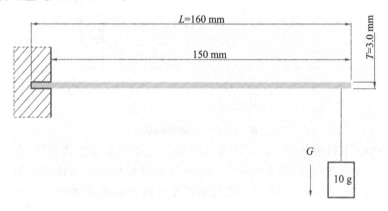

图 11-2-1 悬臂梁加载示意图

11.2.2 创建模型

根据给定的尺寸,在 SolidWorks 中创建梁的模型,并保存,建模结果如图 11-2-2 所示。

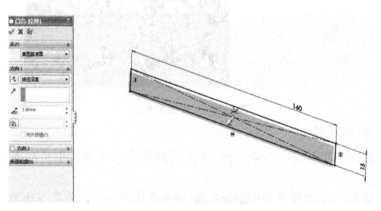

图 11-2-2 梁建模结果

11.2.3 前处理

在进行分析前,需要对模型做一些辅助处理,便于设置作用力的位置和夹紧的位置。

1.绘制辅助点

在梁的模型表面添加一个辅助点,作为重物的悬挂点。

依照图 11-2-3,在梁的模型上添加草图。

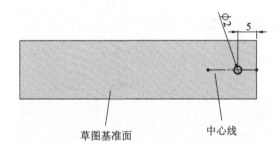

图 11-2-3 绘制辅助草图

在"插入"下拉菜单中,选择"参考几何体",在展开菜单中选择"点",弹出点属性管理器。在管理器的"参考实体"一项中,选择草图的圆心和作为草图基准面的梁表面,单击"确定",SolidWorks 将自动以投影的方式在该表面上添加一个基准点。如图 11-2-4 所示。

图 11-2-4 创建基准点

2.分割装夹面

在梁的表面分割出一小块区域,该区域将作为后续分析中添加固定约束的位置。

依照图 11-2-5,在梁模型中添加草图,注意草图中的矩形有三条边与梁的轮廓线重合。绘制完毕后,退出草图。

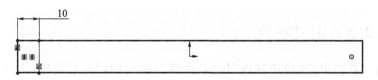

图 11-2-5　绘制辅助草图

在"插入"下拉菜单中选择"曲线",然后在展开菜单中选择"分割线",弹出分割线属性管理器。在管理器中,"分割类型"选择"投影";"要投影的草图"选择上一步操作绘制的草图;"要分割的面"则选择模型中四个包含 160 mm 边线的表面,如图 11-2-6 所示。设置完毕后,单击"确定",生成分割线,完成分割。

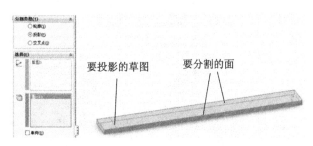

图 11-2-6　分割装夹面

11.2.4　创建算例

若所用 SolidWorks 软件并未激活限元分析插件 Simulation,请通过以下操作启动 Simulation 插件。

在"工具"菜单中选择"插件",在弹出的对话框中勾选"SolidWorks Simulation",如图 11-2-7 所示,然后单击"确定"。快速工具栏中自动增加 Simulation 类操作按钮,如图 11-2-8 所示。

点击"算例顾问"按钮的下拉箭头,在展开菜单中选择"新算例",如图 11-2-9 所示。由于本例只需进行静力学分析,所以在弹出的算例属性管理器中,选择算例类型为"静态",如图 11-2-10 所示。单击"确定"后,生成新算例。

图 11-2-7　勾选 Simulation 插件

图 11-2-8　Simulation 类操作按钮

图 11-2-9　创建新算例

11.2.5　定义材料

单击工具栏中的"应用材料"按钮,在弹出的"材料"对话框中,选择 ABS,如图 11-2-11 所示。然后单击"应用"→"关闭",完成材料定义。

图 11-2-10　选择算例类型

图 11-2-11　定义材料

11.2.6　定义夹具

单击快速工具栏中"夹具顾问"按钮的下拉箭头,在展开的菜单中,选择"固定几何体",如图 11-2-12 所示。

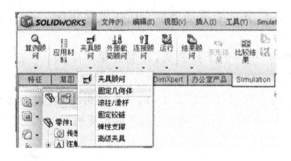

图 11-2-12　"夹具顾问"展开菜单

在弹出的夹具属性管理器中,"夹具的面、边线、顶点"一项,选择梁上下表面中分割出来的小矩形区域,如图 11-2-13 所示。单击"确定"后,生成固定约束。在后续的分析计算中,添加了固定几何约束的区域将不能产生位移。

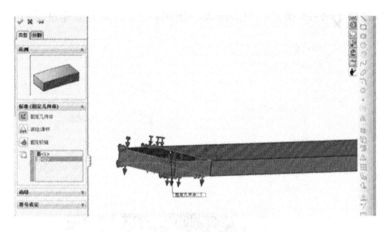

图 11-2-13　添加固定几何约束

11.2.7　定义载荷

如图 11-2-14 所示,展开工具栏中"外部载荷顾问"的下拉菜单,选择"力",为悬臂梁添加一个外力,代表 10 g 悬挂重物对梁的作用。

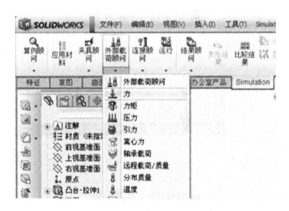

图 11-2-14　"外部载荷顾问"展开菜单

在弹出的"力/扭矩属性管理器"中,选择前处理中创建的基准点作为力的作用点;勾选"选定的方向",选择梁的 3 mm 边线作为参考边线;力的方向竖直指向梁的表面;单位系统选择"Metric(G)";力的大小为"0.01 kgf"(即 10 g 的重物产生的重力),如图 11-2-15 所示。

本例中悬臂梁的自重作用比较显著,所以算例中应该考虑重力的作用。

展开快速工具栏中"外部载荷顾问"按钮的下拉菜单,选择"引力"。在弹出的引力属性管理器中,设置引力的方向,使引力与代表重物的载荷在同一平面内,且方向相同,如图 11-2-16 所示。引力的大小使用默认值(重力加速度)即可。

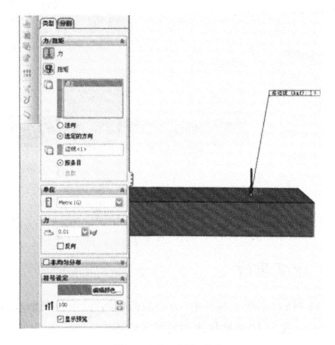

图 11-2-15　添加外力

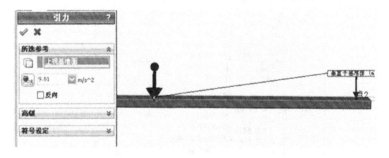

图 11-2-16　添加引力

11.2.8　划分网格

展开快速工具栏中"运行"按钮的下拉菜单,选择"生成网格",如图 11-2-17 所示。在弹出的"网格属性管理器"中可以设置网格的属性,如图 11-2-18 所示。本例只需考虑网格的疏密程度。一般来说,在其他条件同等的情况下,网格越细密,划分的有限单元越多,求解结果越精确,但计算量、计算时间会随之增加;网格越稀疏,划分的有限单元越少,求解结果偏差就越大,但计算量、计算时间会相应地减少。此处直接使用默认参数即可。当然,有兴趣的读者可以尝试比较不同网格设置下的求解过程和结果。单击"确定"后，分析对象（悬臂梁）被划分为大量的细小单元，如图 11-2-19 所示。

图 11-2-17　"运行"展开菜单

图 11-2-18　设置网格密度

图 11-2-19　完成网格划分

11.2.9　运行算例及分析结果

1. 运行算例

单击快速工具栏中的"运行"按钮，SolidWorks 开始对算例进行求解，如图 11-2-20 所示。

图 11-2-20　运行算例

2. 输出挠度图解

挠度是一个衡量物体弯曲变形程度的物理量，常见的梁在受力弯曲时，梁轴线上的点在某个截面内沿垂直于轴线方向的线位移称为点在该截面的挠度。在本例中悬臂梁在竖直方向上的位移即等于梁在竖直方向上的挠度。

用鼠标右键单击设计树中的"结果"目录,在弹出菜单中选择"定义位移图解",如图 11-2-21 所示。请读者根据自己所建立的梁模型的实际情况,在"位移图解属性管理器"中,选择"显示"一项的内容,使输出图解表示模型在重力方向上的位移分量。为便于观察,在"变形形状"一项勾选"用户定义",设置比例因子为 5,勾选"显示颜色",如图 11-2-22 所示。得到如图 11-2-23 所示的位移图解,该图解即为所求挠度图解。注意,设置比例因子为 5,只是使位移图解在显示上更夸张,并不影响实际求解结果。

图 11-2-21　选择定义位移图解

图 11-2-22　位移图解属性设置

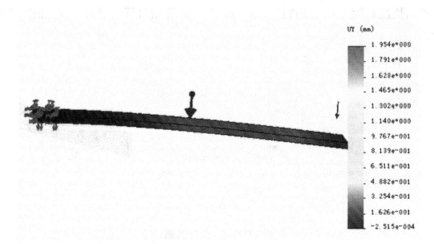

图 11-2-23　输出位移图解

3. 修改图解显示

用鼠标右键单击设计树中新生成的位移图解,在右键菜单中选择"图表选项",弹出"图表选项属性管理器"。在管理器的"位置/格式"一栏中将"数字格式"由默认的"科学"改为"浮点",图解上的数值将由以科学记数形式显示改变为以浮点形式显示,如图 11-2-24 所示。

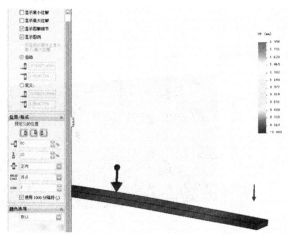

图 11-2-24　修改图解显示

若需要更改图解的颜色显示,可以通过管理器中的颜色选项进行设置。此外,还可以通过勾选显示最大(最小)注解选项,在图解上标注出图解相应的物理量的最大值(最小值)。

4. 探测某一点的值

展开快速工具栏中的"图解工具",选择"探测",激活探测功能,光标放在模型的任意位置并点击鼠标,即可获知图解对应的物理量在该点的值,如图 11-2-25 所示。

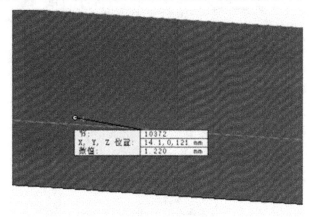

图 11-2-25　探测单点数值

5.探测系列点的值并生成曲线

在"探测结果属性管理器"中,点击"在所选实体上"选项,选择任意一条长度为160 mm 的边线,点击管理器中的"更新"按钮,可以探测边线上一系列点的位移值,如图 11-2-26 所示。

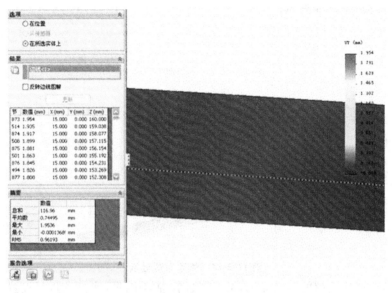

图 11-2-26 探测直线上点的数值

在"探测结果属性管理器"的"报告选项"一项中,单击"图解"按钮 ∿,生成边线上点位移的变化曲线,如图 11-2-27 所示。注意横坐标是用归一化值表示的,即边线两端分别对应横坐标 0 和 1,中间值按比例一一对应。

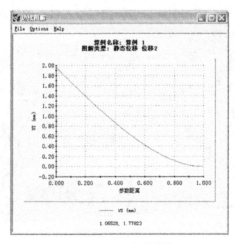

图 11-2-27 生成曲线

6. 变形动画

在"图解工具"的展开菜单中,选择"动画",可以在工作区中以动画的形式显示变形。

从上面的例子可以看出,使用 SolidWorks Simulation 插件进行静态有限元分析时,需要经过以下步骤。

步骤 1 定义材料。

步骤 2 定义夹具。

步骤 3 定义载荷。

步骤 4 划分网格。

步骤 5 运行算例求解。

步骤 6 分析结果。

但是在进行有限元分析之前,需要对分析对象的工作状况进行分析和必要的简化,确定分析对象受到的约束和载荷。另外,在某些情况下还需要在模型上增加一些辅助元素(如本例中的基准点等)。

11.2.10 实验验证

读者可以根据实际条件来设计实验,验证上述分析结果是否正确。若没有适合用于验证本例的材料,也可以根据实际条件设计一个相似的简单案例,进行有限元分析和实验测量,比较二者的结果,直观体验一下有限元分析方法的作用。

11.3 从动臂有限元分析

作为一个应用案例,我们对智能小车机械手的从动臂进行有限元分析。

11.3.1 问题描述

在智能小车的机械手中,与舵机输出轴连接的驱动臂通过齿轮带动从动臂往反方向转动,驱动臂、从动臂的材料均为 ABS,舵机的输出力矩为 1.5 kgf·cm,试分析机械手夹紧圆柱物块时(见图 11-3-1),从动臂的应力分布及从动臂的变形状况。

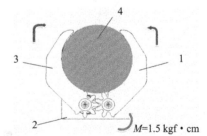

图 11-3-1 机械手工作示意图
1—从动臂;2—舵机;3—驱动臂;4—圆柱形物体

11.3.2 从动臂工况分析

如图 11-3-2 所示,从动臂安装在固定轴上,可以绕轴孔中心旋转,但不能沿其他方向运动。一个零件只能在平面内相对于另一个零件做定轴转动的运动约束称为铰链副。

从动臂齿轮受到驱动臂齿轮传递的扭矩,从动臂的夹持端受到物块的反作用力,反作用力相对于从动臂转轴的合力矩与通过齿轮传递的扭矩平衡。

为简化受力状况,假设齿轮只有一对齿相互接触,来自驱动臂的扭矩则用接触面的代替;再假设来自物块的反作用力均匀分布于从动臂夹持端的圆弧面,反作用力合力矩大小为 1.5 kgf·cm。

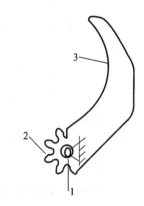

图 11-3-2 从动臂工况分析
1—铰链副;2—传动扭矩;
3—反作用扭矩

11.3.3 构建有限元分析算例

1.创建新算例

打开从动臂的 SolidWorks 模型,启动 Simulation 插件,在快速工具栏的"算例顾问"展开菜单中,选择"新算例",新建一个"静态"算例,如图 11-3-3 所示。

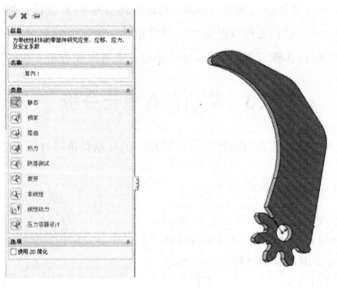

图 11-3-3 新建算例

2. 定义材料

点击快速工具栏中的"应用材料"按钮,在弹出的材料对话框中,将从动臂的材料设置为 ABS,如图 11-3-4 所示。

图 11-3-4　定义材料

3. 定义夹具

展开快速工具栏中"夹具顾问"按钮的下拉菜单,选择"固定铰链",在从动臂轴孔内壁添加固定铰链约束,如图 11-3-5 所示。再选择"夹具顾问"下拉菜单中的"固定几何体"约束,在从动臂齿轮的一个齿的侧面添加固定约束,如图 11-3-6 所示。

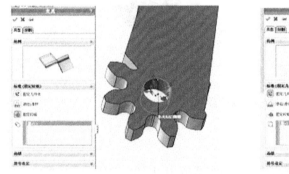

图 11-3-5　添加固定铰链约束

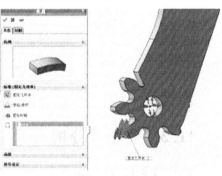

图 11-3-6　添加固定约束

4. 定义载荷

选择"外部载荷顾问"下拉菜单中的"扭矩",在从动臂夹持端的圆弧面添加均匀分布的扭矩,扭矩的中心参考选择轴孔的圆弧面,方向指向从动臂实体。单位制选择"Metric",设置扭矩大小为 1.5 kgf·cm,如图 11-3-7 所示。

5. 划分网格

展开快捷工具栏中"运行"按钮的下拉菜单,选择"生成网格",使用默认参数为从动臂模型划分网格,如图 11-3-8 所示。

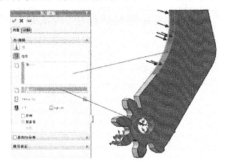

图 11-3-7 添加载荷   图 11-3-8 划分网格

6.运行算例

单击"运行"按钮的下拉菜单中的"运行"选项,SolidWorks 开始运行算例,求解问题,如图 11-3-9 所示。

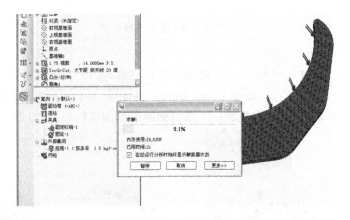

图 11-3-9 运行算例

11.3.4 结果分析

如图 11-3-10 所示,运算求解完毕后,自动生成应力、应变、位移三个图解。

用鼠标右键单击应力图解,在右键菜单中选择"编辑定义"。在弹出的"属性管理器"中,将应力单位设置为"N/mm^2(MPa)",如图 11-3-11 所示。

所谓应力是指在受到外部载荷时,物体内部产生的相互作用。一个零件的应力过大,超过了材料的承受范围,就会导致零件被破坏。应力最大的位置通常是最容易发生破坏的位置。零件在指定工作状况下的应力分布及其影响,是设计零件时需要着重考虑的因素。

国际单位制中应力的单位是 N/m² 即"帕(Pa)",而在机械工程问题中,更常用的单位是"兆帕(MPa)",1MPa=1000000Pa。

图 11-3-10　自动产生的图解　　　　　　　图 11-3-11　更改应力图解单位

点击"图表工具"中的"ISO 剪裁",设置"等值"为 7,应力图解中应力值小于 7 MPa 的部分将会以透明的状态显示,而应力大于 7 MPa 的部分保持原样,如图 11-3-12 所示。可以清楚看到应力集中在齿根部位,最大应力约 14 MPa。所以在设计齿轮臂的时候,需要考虑齿根处的材料是否足以承受这样的应力。

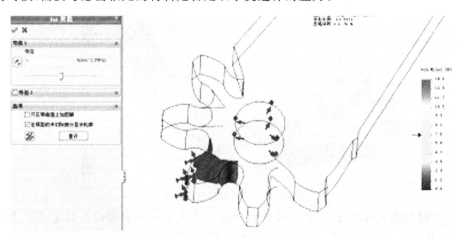

图 11-3-12　ISO 剪裁

鼠标左键双击位移图解,使其处于激活状态。

右键单击位移图解,在右键菜单中选择"图表选项",弹出"图表选项属性管理器"。在管理器的"位置/格式"一栏中,将数字格式由默认的"科学"改为"浮点",如图 11-3-13 所示。

在位移图解的右键菜单中,选择"设定",弹出"设定属性管理器",勾选"将模型叠加于变形形状上",如图 11-3-14 所示。

单击"确定",工作区中将同时显示从动臂模型和位移图解,如图 11-3-15 所示。

观察图 11-3-15,可以明显地发现,最大位移发生在从动臂末端,最大位移约为 0.4 mm。

图 11-3-13 更改数字格式

图 11-3-14 设置显示原模型

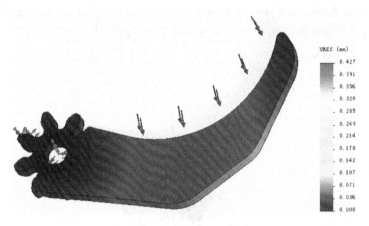

图 11-3-15 从动臂位移图解

通过有限元分析方法,能在零件尚未生产出来之前预测零件在特定工况下的表现,从而减少试验环节,缩短产品的研发周期,降低研发成本。

有限元分析方法所获得的结果与真实工况的一致程度取决于计算机的运算速度、软件的运算能力和相关参数的设置技巧。只有熟练掌握相关计算软件的特点、计算模型的建模技巧和相关参数的设置方法,才能成为应用有限元分析方法的高手。

扫一扫,获取本章资源

第12章 运动仿真

计算机运动仿真是指:在计算机中,利用机械的三维模型模拟其实际工作过程,来获得机械零、部件在工作中受力、速度、加速度、位置等物理参数的变化规律,检查设计的模型在工作过程中,各个零件之间是否会出现不该有的相互碰撞(行业术语也称运动干涉),是否能够完成预期的动作。这种用计算机中的三维模型来模拟真实机器运行的过程,可以在真实机械尚未制作出来之前进行,根据仿真获得的有关参数来优化设计,能有效地减少设计失误,减少试制投入,提高研发产品的工作效率。

运动仿真过程也可以生成动画视频,用于产品的推介和工作原理说明。

本章以单摆运动和智能小车运动为例,简要介绍 SolidWorks 运动仿真模块的使用方法。

12.1 启动运动仿真插件

SolidWorks Motion 是 SolidWorks 软件中的运动仿真软件,不自行加载,在开始运动仿真之前要调用这个模块。

如图 12-1-1 所示,启动 SolidWorks,展开"工具"菜单,点击"插件"。

在弹出的对话框中勾选"SolidWorks Motion",单击"确定"按钮,如图 12-1-2 所示。

图 12-1-1　启动插件

图 12-1-2　勾选 SolidWorks Motion

打开"单摆.SLDASM"装配体文件,点击"运动算例",切换到运动仿真模式,并展开 Motion 管理器,其界面如图 12-1-3 所示。

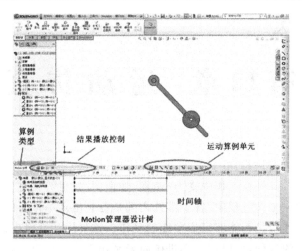

图 12-1-3　开启运动仿真模块

在图 12-1-3 所示的结果播放控制区域,有一些小的按钮,将光标移动到这些按钮上,系统会出现按钮功能的提示,如图 12-1-4 所示。

这些图标按钮对应的功能分别是:计算、从头开始播放、播放、停止等。

图 12-1-5 所示的图标按钮用于给零件添加外部作用和生成结果及图解,从左到右对应的功能分别是:马达、弹簧、阻尼、外力、接触、重力、结果和图解等。

图 12-1-4　计算运动算例　　　　**图 12-1-5　运动算例单元**

在 Motion 管理器中可以实现的操作主要包括:选择分析类型、开始/重新开始仿真分析计算、结果播放管理、为装配的对象添加各类的运动算例单元,另外,Motion 管理器还提供了时间轴,通过控制时间轴,可以控制仿真计算的起始时间、某一相互作用的有效时间,以及截取某一时刻的画面等。

12.2　从单摆的运动仿真说起

本节通过对单摆的运动仿真,初步介绍 SolidWorks 的运动仿真功能及其使用方法。

本例中的单摆模型如图 12-2-1 所示。

摆锤和固定轴之间的距离为 230 mm,圆形的摆锤固定在零质量的摆杆上,摆杆可以绕固定轴转动,摆锤质心到旋转中心距离为 250 mm,摆杆和垂直面之间的初始角约为 45°。

由力学原理可知:在重力场中,理想单摆的运动方程为

$$\frac{\mathrm{d}^2\theta}{\mathrm{d}t^2} + \frac{g}{l}\sin\theta = 0$$

式中:g、l 分别为当地重力加速度、摆长(摆锤质心到旋转中心的距离)。

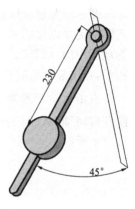

要精确求解这个方程不是一件容易的事。如果要算出每个时刻的工作状态,并绘制出函数曲线来加以直观表达,那工作量就很大。

图 12-2-1　单摆模型

有了运动仿真软件,做这些事就不难了。科学家们已经将机构运动的问题做成了标准化的计算模块,并配以图形加以显示,即使你还不能求解这样的方程,也能直观、快速地看到它的运动结果。

用 SolidWorks 的 Motion 插件进行运动仿真分析,一般的流程是:为特定的对象添加运动算例单元(一些具体化的相互作用);设置运动算例单元的属性,如大小、方向、作用时间等;选择仿真分析类型;进行仿真分析计算;读取仿真分析结果,如动画,零部件的位置变化、速度变化、加速度变化、能量输出输入等,以便对仿真结果进行进一步分析,为评价、改进或后续决策提供依据。

本案例配有两个运动算例。在每个运动算例中都用软件自带的曲线输出功能,绘制了摆锤质心在 x 方向和 y 方向的坐标随时间变化的函数曲线图。算例 1 是在忽略固定轴与摆杆铰接处摩擦力的条件下做出的,所以在整个摆动过程中,摆幅没有变化。点击运动算例 1 标签,可见如图 12-2-2 所示画面。

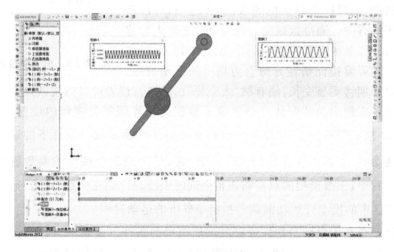

图 12-2-2　无阻尼的单摆运动

图中的曲线可以通过运动管理器中控制功能根据实际情况加以显示或隐藏。具体做法是：用鼠标右击管理器中的"结果"二字，系统弹出对话框，如图 12-2-3 所示，点击显示所有图解或隐藏所有图解即可。

图 12-2-3 控制图解显示状态

点击运动管理器右上角的"折叠"按钮 ，可以隐藏时间轴，从而让整个画面显示模型和图解。如图 12-2-4 所示。

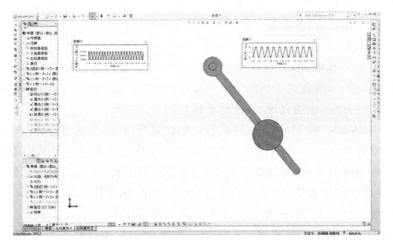

图 12-2-4 点击"折叠"图标按钮后的画面

将光标放到 Motion 设计管理器中"引力"二字上面，右击鼠标，选择编辑特性，系统会弹出图 12-2-5 所示的对话框，通过这个对话框的 X、Y、Z 选项，可以改变引力场的方向。通过数据输入框可以改变重力加速度的数值。如果填上月球表面的重力系数 1633，经重新计算后即可模拟此摆在月球引力场中的运动情形。

图 12-2-5 引力参数输入框

摆的运动周期将明显变长，颇有跳"太空舞"的味道。读者可自行尝试操作。

本电子文档中的装配体已经完成了单摆运动算例相关参数的设置及计算过程。点击"播放"按钮 ▷，工作区中的模型开始动画演示指定条件下的运动过程。如果改变参数，可以重新点击"计算"按钮 ，计算机就会按新的参数重新计算。在计算过程中，三维模型的显示状态也会同时刷新。计算完毕后，点击"播放"按钮 ▷，工作区中的模型开始动画演示指定条件下的运动过程。

算例 2 是在固定轴与摆杆铰接处添加阻尼的条件下做出的，所以在整个摆动过程中，摆幅逐渐变小。用鼠标单击运动算例 2 标签，系统切换到显示算例 2，如图 12-2-6 所示。

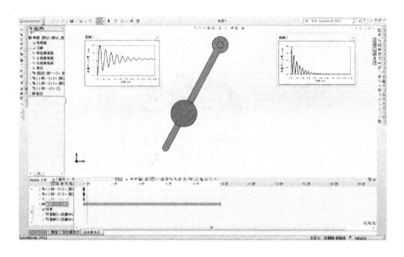

图 12-2-6　有阻尼的单摆运动

将光标放到 Motion 设计管理器中的文字"扭转阻尼 1"上面，右击鼠标，选择编辑特性，系统会弹出图 12-2-7 所示的对话框。改变对话框中的参数可以改变阻尼的大小，重新计算后，会发现摆动的衰减速度发生了改变，阻尼增大，衰减会加快。

有兴趣的读者可以自行操作，观察仿真结果。

图 12-2-7　阻尼参数输入框

12.3　智能小车运动过程演示

12.3.1　创建运动算例

本书附有智能小车的装配体文件。读者也可以用自行完成的装配体文件进行仿真。

如图 12-3-1 所示，打开智能小车的装配体，点击界面左下的"运动算例"，弹出运动 Motion 管理器。注意，若打开的装配体处于爆炸图状态，请先解除爆炸。单击"运动算例"左侧的"模型"，可以从仿真状态切换回装配体模型状态。

默认情况下，Motion 管理器是处于收起状态的，点击右下角的展开/收起箭头，可以展开/收起 Motion 管理器，如图 12-3-2 所示。

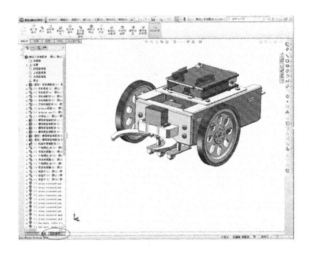

图 12-3-1　模型/运动算例切换

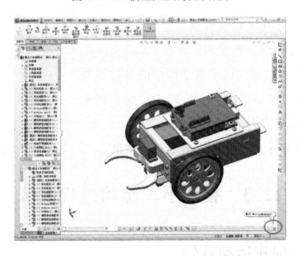

图 12-3-2　展开/收起 Motion 管理器

12.3.2　添加引力

首先介绍如何设置模型所处的重力场。

点击 图标,为算例添加引力。

在弹出的对话框中可以设置引力的方向和大小,如图 12-3-3 所示。系统默认的引力值为地球表面的重力加速度值,用户可以根据实际需要修改,此处使用默认值。引力的方向选择如图 12-3-4 右下的箭头所示,其重力场的方向向下。

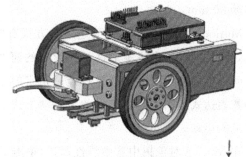

图 12-3-3　设置引力加速度　　　　图 12-3-4　引力的方向

12.3.3　添加马达

在 SolidWorks 的 Motion 仿真分析中，马达用于指定某一零部件的运动。马达分为线性马达和旋转马达两类。线性马达指定零部件的直线运动，旋转马达指定零部件的旋转运动。

添加线性马达，驱动小车向前运动。点击添加马达图标 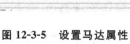，弹出马达属性设置对话框。马达类型选择"线性马达"，如图 12-3-5 所示。

马达的位置可以选择平行于小车中轴线的一条边，方向朝向机械手，如图 12-3-6 所示。

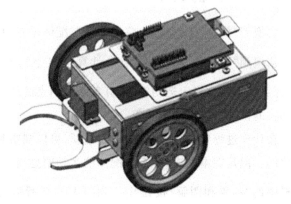

图 12-3-5　设置马达属性　　　　图 12-3-6　马达的位置和方向

"零部件/方向"选项卡中的"要相对此项移动的零部件"留空，表示相对于装配空间运动。

运动参数设置如图 12-3-7 所示；方式选择"距离"，运动距离设为 80 mm，作用时间从 0 开始持续 3 s。添加该马达的作用是使小车从 0 s 开始，在 3 s 内匀速地向前移动 80 mm。

Motion 模块提供的线性马达运动方式有"等速""距离""表达式""数据点"等方式,其中:"等速"指定零部件按照设定的速度匀速运动;"距离"指定零部件在一定时间内以匀速直线运动的形式经过指定的距离;"表达式"指定零部件按照输入的函数表达式运动。通过使用各类运动形式的组合,基本可以模拟机械设备工作中常见的运动。

在 Motion 对象树中选中线性马达,单击鼠标右键,选择编辑特征,可以对已定的马达参数进行修改,如图 12-3-8 所示。

图 12-3-7   运动参数设置

图 12-3-8   马达属性编辑

12.3.4   仿真结果

切换到"模型"工作模式,将车架子装配体设置为"浮动"。

切换到"运动算例"模式,点击计算按钮，SolidWorks 会根据给定的约束(装配关系、外力、指定运动等)计算每一时间点的装配体状态。装配体的状态包括零部件的位置、速度、加速度等。

在计算过程中,模型显示会即时刷新,可以观察到装配体是如何随时间变化而变化的。但是在本例中,小车装配体的运动明显与预期的不相符。单击 Motion 工具栏中的"结果和图解"按钮 ，如图 12-3-9 所示,在属性管理器中,选择结果类型为"位移/速度/加速度",子类型选择"质量中心位置",分量选择"X 分量",选取车架底面作为参考面,单击确定后生成图解,如图 12-3-10 所示。以同样的方法生成 Y 分量和 Z 分量的图解,如图 12-3-11、图 12-3-12 所示。

由三张质心位置变化图可知,沿 Y 方向的移动量非常大,这是由于取消了车架的固定约束后,智能小车处于完全浮动状态,在引力作用下快速往"下"掉。

图 12-3-9　设置图解属性

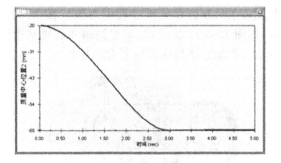

图 12-3-10　质心位置 *X* 分量变化曲线

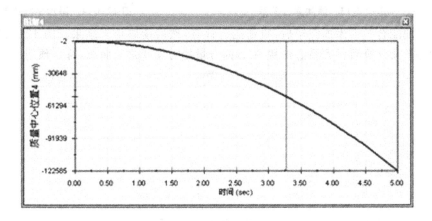

图 12-3-11　质心位置 *Y* 分量变化曲线

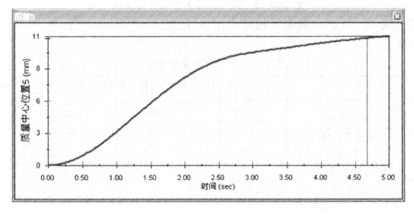

图 12-3-12　质心位置 *Z* 分量变化曲线

12.3.5　添加本地配合

在 Motion 工作状态下,单击工具栏的"配合"按钮,可以添加当地配合关系,该装配关系只在仿真分析过程中有效。在车架底面和上视基准面之间添加重合关系，如图 12-3-13 所示；在车架侧面和前视基准面之间添加平行关系，如图 12-3-14 所示。添加方法与一般的配合一样。

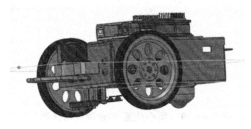
图 12-3-13　添加重合关系

图 12-3-14　添加平行关系

当地配合关系添加完毕后，重新运行计算，然后读取仿真结果。图 12-3-15 所示的是重新计算后得到质心位置 X 方向分量随时间变化的曲线，符合预期。

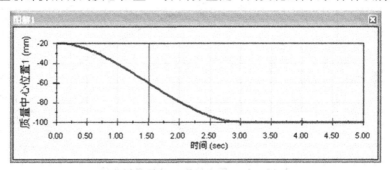
图 12-3-15　质心位置 X 分量变化曲线

依照表 12-3-1 添加其余的相互作用，可以在 SolidWorks 中仿真 10.5 节所描述的动作。

表 12-3-1　智能小车动作说明

序号	动作说明	马达类型	起始时间/s	持续时间/s	距离/角度	对象
1	小车前进	线性	0.0	3.0	80 mm	装配体
2	小车前进	线性	3.0	0.75	20 mm	装配体
3	机械手合拢	旋转	4.2	0.5	15 /(°)	主动臂
4	小车前进	线性	4.9	5.2	140 mm	装配体
5	小车后退	线性	10.4	0.8	−20 mm	装配体
6	机械手张开	旋转	11.5	1.0	−20/(°)	主动臂
7	左轮逆时针方向旋转	旋转	0.0	3.75	75/(°)	舵机(左)
8	右轮顺时针方向旋转	旋转	0.0	3.75	−75/(°)	舵机(右)
9	左轮再逆时针方向旋转	旋转	4.9	5.2	75/(°)	舵机(左)
10	右轮再顺时针方向旋转	旋转	4.9	5.2	−75/(°)	舵机(右)
11	左轮顺时针方向旋转	旋转	10.4	0.8	−75/(°)	舵机(左)
12	右轮逆时针方向旋转	旋转	10.4	0.8	75/(°)	舵机(右)

12.4 估算马达力矩

运动仿真的另一个重要的应用是：通过虚拟样机来估算实体机械工作过程中的物理参数。

在机电系统设计中经常会涉及电动机的选择。电动机的输出扭矩是选择电动机时需要考虑的一个主要因素。

下面以智能小车在平面场地中的运动仿真为例，来介绍如何利用运动仿真获取设计机器时所需的信息。

本例中，假定小车处在一个用塑料材料做成平面的场地中，轮胎为橡胶材料，两车轮各装有一个直接驱动的电动机，电动机以 60 r/min 的转速匀速转动，通过仿真来了解 5 s 内电动机转矩的变化和小车运动速度变化的情况。

启动 SolidWorks 并激活 Motion 插件，打开智能小车的装配体文件，若装配体处于爆炸视图状态，请在设计树中用鼠标右键单击总装配体的图标，在弹出的菜单中选择"解除爆炸状态"。

单击快捷工具栏的"插入零部件按钮"，插入配套模型中的"场地.SLDPRT"，如图 12-4-1 所示。

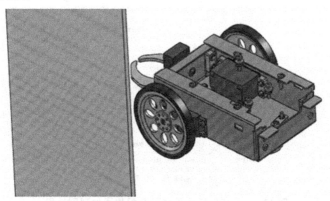

图 12-4-1

将"场地"调整到便于观察的角度，然后将其设置为固定零部件，将小车移动到地板的一端，如图 12-4-2 所示。进行 Motion 分析时，SolidWorks 将会以所有零部件的当前位置作为初始位置进行计算。调整零部件的初始位置的一种有效的方法是通过添加配合关系，将零部件移动到目的位置。需要注意的是：在开始仿真计算前，需要将这些辅助的配合关系压缩。

小车装配体包含数目众多的零部件，若直接进行仿真计算，需要处理大量的对象，耗时甚长。使用 SolidWorks 的 Motion 插件对复杂装配体进行运动仿真时，往往将零部件分配到若干个刚性组中，以减少分析对象，节约计算时间。在仿真计算时,同一刚性组内的零部件将被认为是通过刚性连接结合在一起的,彼此之间不会出现相对运动,被当做一个对象进行处理。

图 12-4-2 调整初始位置

小车及场地的位置摆放好之后,将小车的零部件添加到合适刚性组,步骤如下。

步骤 1 单击"运动算例"按钮,调出运动算例窗口。

步骤 2 选择运动算例类型"Motion 分析"。

步骤 3 在运动算例设计树中,用鼠标右键单击目标零件或子装配体,选择"添加到新刚性组",如图 12-4-3 所示。在设计树的底部将出现一个新刚性组的图标,展开该图标可以看到刚性组包含的零件、子装配体。

图 12-4-3 将目标零件或子装配体添加到刚性组

步骤 4 按住"Ctrl"键,点选需要添加到同一刚性组的零件和子装配体,然后按住鼠标左键,将其拖曳到目标刚性组内。

请参照表 12-4-1,将小车装配体中的零件和子装配体添加到三个刚性组内。

表 12-4-1 添加刚性组

刚性组名称	包含的零部件
刚性组 1	右侧车轮子装配体
刚性组 2	左侧车轮子装配体
刚性组 3	其余零部件

刚性组添加完毕后,即可依照上一节介绍的内容,添加所需的各种运动算例单元。

单击选中右侧的轮胎,然后单击"马达"按钮,为其添加一个旋转马达,马达参数如图 12-4-4 所示。注意马达的方向,以带动车轮向前滚动为准,如图 12-4-5 所示。

图 12-4-4　马达参数　　　　　　　　　图 12-4-5　马达方向

车轮子装配体处在一个刚性组内,即预先假设轮胎和轮毂之间不会发生相对运动,因而将马达添加在轮胎或轮毂上都是允许的。

为左侧的马达添加同样的旋转马达,注意设定马达方向。

添加引力,引力大小为重力加速度,方向如图 12-4-6 所示。

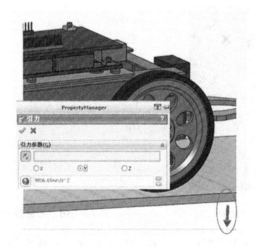

图 12-4-6　添加引力

以下介绍一种新的运动算例:"接触"。在两个实体之间添加了"接触"后,就等于规定了这两个实体在运动仿真过程中将不能互相"穿透",同时可以指定接触物体的材质,赋予接触面摩擦因数、冲击等特性。

单击"接触"按钮 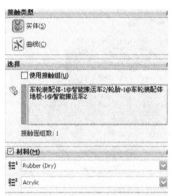，弹出"接触"属性管理器，"接触类型"选择"实体"，依次选中右侧轮胎和场地，在"材料"选项卡中，对象 1 的材料设为"Rubber(Dry)"（橡胶（干摩擦））；对象 2 的材料设置为"Acrylic"（丙烯酸），其余参数保持默认，参见图 12-4-7、图 12-4-8。

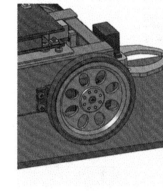

图 12-4-7　设置接触参数（一）　　　　　　　图 12-4-8　接触对象（一）

依照同样的参数设置方法，在左侧轮胎和场地之间添加接触单元。

在尾轮和场地之间添加接触，如图 12-4-9 所示。对象 1 的材料设置为"Steel(Dry)"（钢材（干摩擦）），如图 12-4-10 所示。数据库中有这些材料的摩擦因数，通过这些设置，轮胎与地面间的摩擦因数就自动赋值到运算过程中。

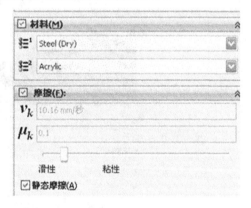

图 12-4-9　接触对象（二）　　　　　　　图 12-4-10　设置接触参数（二）

单击"运动算例属性"按钮 ，在"Motion 分析选项卡"中勾选"使用精确接触"选项，如图 12-4-11 所示，这是为了尽量减少接触偏差对计算结果的影响。

将用于调整零部件放置的辅助配合关系压缩，单击"计算"按钮，开始分析计算。

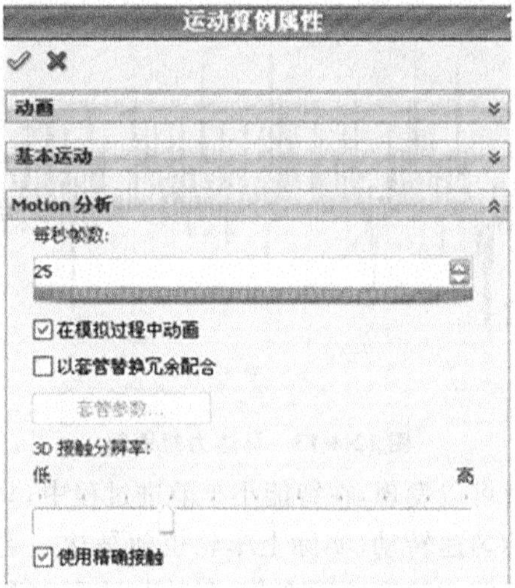

图 12-4-11　勾选"使用精确接触"

　　计算完毕后,单击"播放"按钮,观察动画结果,若设定的仿真时间足够长,小车会行驶到场地边缘,然后下落,这说明小车与场地之间确实是存在接触碰撞的。

　　用鼠标右键单击右侧轮胎,选择"生成图解",图解类型选择"力",子类型选择"马达力矩",分量选择"Z 分量"。Z 分量是指绕 Z 轴的力矩分量,此处请读者根据所使用装配体的实际情况确定,如图 12-4-12 所示。"选取马达对象"一项选择设计树中与右侧车轮对应的马达单元。单击"确定"后得到马达输出力矩随时间变化的关系图解,如图 12-4-13 所示。

图 12-4-12　设置图解属性

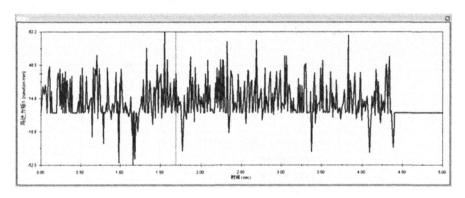

图 12-4-13　马达力矩图解

观察马达力矩图解可以发现,在智能小车前进过程中,马达的输出力矩是不断变化的。为了维持马达匀速转动(实际上车轮也随马达一起匀速转动),马达的驱动力必须随着地面的摩擦力的变化而变化,车轮与地面的摩擦力开始时是静摩擦力,当车轮转动后就变为动摩擦力,通常,动摩擦因数是小于静摩擦因数的,如果驱动力矩不减小,车轮就会加速旋转。为了维持车轮匀速转动,一旦电动机的转速高于预设值 60 r/min,就需要制动力矩来减速,所以此时电动机的驱动力矩就变成了负值,形成制动力矩。整个运动过程就是一个对力矩进行动态调整来实现车轮匀速转动的过程。在图中还可以看到,马达力矩的峰值低于 100 N·mm,而实际选用的舵机其输出扭矩可以达到 220 N·mm 左右,因而从这一估算结果看,选用的舵机可以满足输出力矩的要求。当然,此处的估算是比较粗略的。要想精确地计算电动机的输出力矩,需要对实际的工况有深入的了解。

选中车架,单击鼠标右键,选择"生成图解",弹出结果属性管理器,图解类型选择"位移/速度/加速度",子类型选择"线性速度",分量选择"X 分量"(此处请读者根据实际情况选择,以小车前进方向为准),如图 12-4-14 所示。得到小车在 5 s 内的仿真运动速度图解,如图 12-4-15 所示。

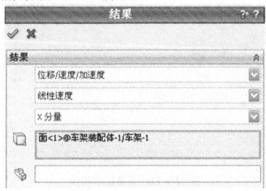

图 12-4-14　设置图解属性

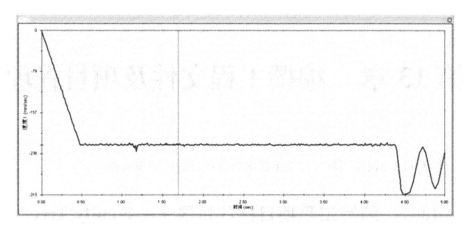

图 12-4-15　速度图解

用光标选中速度图解曲线,可以显示光标悬停点所对应的参数值,如图 12-4-16 所示,可以看到小车在仿真开始后的 1.78 s 时刻,其前进速度沿 X 轴方向的分量值为 -224 mm/s,其中负号表示速度方向沿坐标系 X 轴的负方向,与理论值相吻合。

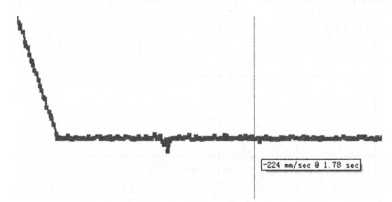

图 12-4-16　获取数据点坐标值

扫一扫,获取本章资源

第 13 章　编撰工程文件及项目管理

本章介绍如何使用软件建立工程文档和项目进度管理文档。

13.1　编写工程项目树状目录——Family Tree

树状结构广泛应用于管理文件、材料、项目等"对象"。

例如，Windows 操作系统的文件管理就是以树状结构组织的：一个根目录包含若干个子文件和文件夹，子文件夹中又包含若干个子文件和文件夹，如此层层递进，如图 13-1-1 所示。

图 13-1-1　Windows 的文件夹

SolidWorks 的设计树也是典型的树状结构。展开设计树中的一个装配体，可以看到其下包含了若干个子装配体和零件，每个子装配体又包含了一定数目的零件，每一个零件内包含若干个特征，如拉伸、切除等，如图 13-1-2 所示。

树状结构的共同特征是：从一个根节点引出若干个分支节点，分支节点可以引出新的分支，最终衍生成"一棵大树"。

树状目录简称"树录"，是目录的一种图形化表达方式，它是一种开放式的目录

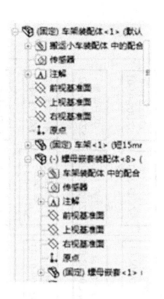

图 13-1-2　SolidWorks 的设计树

结构,容易实现内容的增减,各级之间的关系比较直观,特别适合用于大型工程文件的管理。

工程项目实施前,项目负责人要初定一个树录用于规划项目的组织形式、人力资源配备、任务分配等。项目实施过程中,各个任务团队根据需要,可以添加树录的细节,细节的细化程度也反映出项目进展的深化程度。竣工的项目应该具备足够充实的细节内容。Microsoft Visio 软件具有制作做树状结构表的功能。

图 13-1-3 所示为智能小车项目工程文件的树录。根节点是"智能小车",子节点是项目包含的几个子项目,如"机械系统""软件系统"等,随着项目的深入,机械系统会派生出若干图样、加工文件、工艺说明书、检验规程等;软件系统会派生出控制流程图、软件分析说明书、控制源代码、诊断软件等。如果有需要,还可以增减零件供应商清单、产品推广文宣资料、知识产权文件等。如果树录过于庞大,可以分解成子树录来加以表达,如图 13-1-4 所示的就是将机械系统单独作为子树录的表达方式。树录中的每个方框代表一份文件或者零部件,每个方框都要有唯一的编号,以便数据录入及查找。

请读者在完成智能小车的制作和调试后,根据实际的工作内容,参考图 13-1-3 编制一个自己的项目树录。

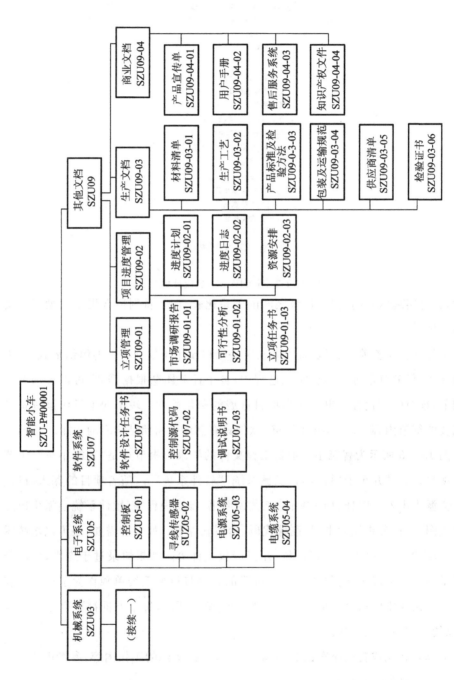

图 13-1-3　智能小车族谱树录（family tree）

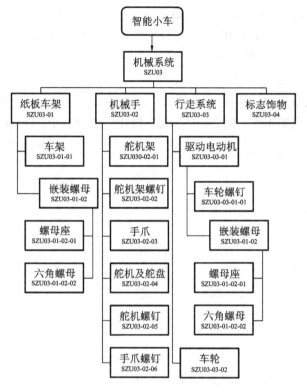

图 13-1-4　智能小车机械系统树录

13.2　制作甘特图

　　工程是一种有多人参与、有计划的活动。甘特图是将活动内容、活动所需的资源按时间顺序排列的图形。用甘特图编制工作计划是工程项目管理中常用的方式。读者可以尝试将本案例的活动时间、活动内容及所用的资源进行详细记录,事后根据这些记录的素材编制甘特图,作为一次编制项目进度管理计划的尝试。

　　作为工程项目的管理人员,工作计划是从事管理的重要依据。有经验的管理者可以在项目开始前做出能够按时推进的项目进度计划,并合理配备相应的人力、物力资源,让人尽其才、物尽其用,使工程项目能保质保量、按期完成。进行工程项目的日程设计要有平时工作经验的积累,有适量的人力、物力资源可以支配,不能拍脑袋想象,否则,难以保证做出来的计划与客观执行进度一致。有志成为管理人员的读者,应多关注项目管理方法的学习,平时多做记录,多做总结,积累足够的经验,把自己培养成出色的项目计划制定者。具有丰富经验的工程师,能够在项目展开前,制定出合理的甘特图,让工程项目的运行进度尽在掌握之中。具有制定项目计划能力的工程师,更容易能脱颖而出,成为工程项目的管理者。

本节介绍如何使用 Microsoft Office Visio 2007 软件制作甘特图。Microsoft Office Visio 2007 的其他应用，读者可以参考相关资料。读者也可以用其他软件，如 Microsoft Project 来制作这种文件。

1. 创建甘特图

如图 13-2-1 所示，打开 Microsoft Office Visio 2007 软件，在模板类别中选择"日程安排"；在展开的日程安排的所有模板中，双击"甘特图"，创建一个甘特图模板。

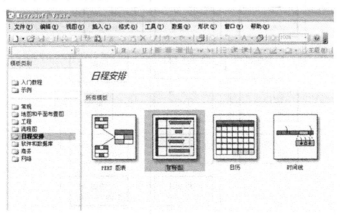

图 13-2-1　创建甘特图模板

如图 13-2-2 所示，在弹出的"甘特图选项"对话框中设置甘特图的相关属性。

此处，以本书的项目为例，假设起始时间是 2015 年 9 月 1 日，终止时间是 2015 年 12 月 31 日；假设每周一次作业，以"周"作为持续时间单位；项目数暂定为 5（可以后续再编辑修改）；格式选项设置的是甘特图中各要素的显示形式，如无特殊要求，默认即可。

图 13-2-2　"甘特图选项"对话框

单击确定后生成甘特图模板，如图 13-2-3 所示。甘特图中包含的信息是各项任务的名称、开始时间、完成时间、持续时间。

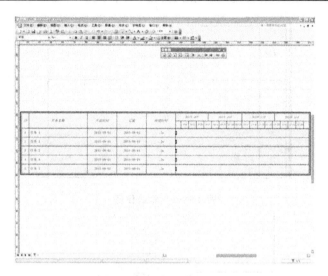

图 13-2-3 空白甘特图

2.修改任务名称

选中"任务 1"单元格,使其处于可编辑状态,输入任务 1 的名称,如"小车制作",如图 13-2-4 所示,然后点击表格外的空白处,退出文本编辑状态。

ID	任务名称	开始时间
1	小车制作	2015-08-31
2	任务 2	2015-09-01
3	任务 3	2015-09-01
4	任务 4	2015-09-01
5	任务 5	2015-09-01

图 13-2-4 输入任务名称

3.添加附属任务

用鼠标右键单击"任务 2"单元格,在右键菜单中选择"新建任务"。"任务 2"和"小车制作"之间插入一项空白任务,如图 13-2-5 所示。

将空白任务的任务名改为"机械手制作",选中该任务,在浮动工具栏中单击"降级"按钮 ➡ ,单元格的内容自动缩进,任务"机械手制作"将被降级为"小车制作"的一个附属任务,如图 13-2-6 所示。

如图 13-2-7 所示,继续添加小车制作包含的附属任务,如车架制作、小车装配等。附属任务还可以进行更详细的划分,如机械手制作包含附属任务"舵机架制作""齿轮臂制作""机械手装配"等。

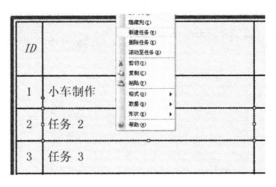

图 13-2-5　新建任务

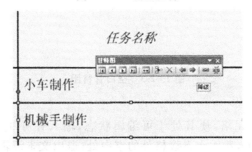

图 13-2-6　任务降级

图 13-2-7　添加其余附属任务

4.调整任务时间

如图 13-2-8 所示,通过移动最右侧一列的时序条位置,可以设定对应任务的起始时间,通过拉长或缩短时序条的长度,可以调整对应任务的持续时间。当一个任务包含附属任务时,不能直接编辑其任务时间安排,上级任务的时间安排由其所包含的所有附属任务的时间安排确定。

制作甘特图时,请根据实际的任务安排,设定好任务时间。

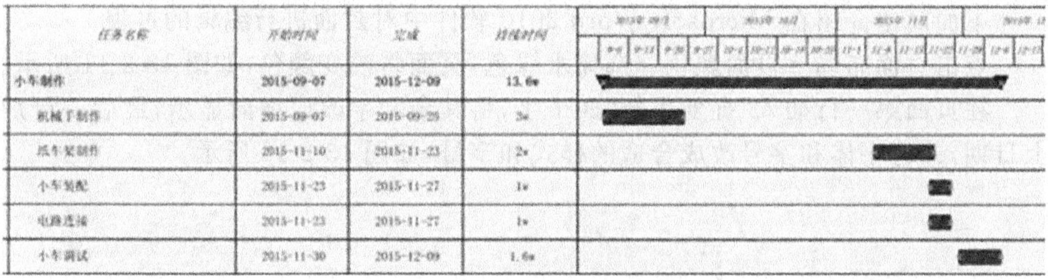

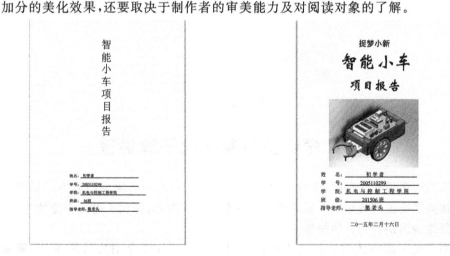

任务名称	开始时间	完成	持续时间	2015年 29月				2015年 30月				2015年 31月				2015年 12	
小车制作	2015-09-07	2015-12-09	13.6w														
机械手制作	2015-09-07	2015-09-25	3w														
小车装制作	2015-11-10	2015-11-23	2w														
小车装配	2015-11-23	2015-11-27	1w														
电路连接	2015-11-23	2015-11-27	1w														
小车调试	2015-11-30	2015-12-09	1.6w														

图 13-2-8　设定任务时间安排

在上述进度表中,添加每个过程中所需要的资源信息,如每次所用的材料、工具、设备和人员数量等,即可扩展得到一份完备的、可以指导本项目的进度规划书。

13.3　让你的文件更美观

提交书面报告是现代工程活动中常见的任务。一份醒目、清晰的报告便于读者了解设计成果。如果这个读者是你的上司,很可能因为看了你的报告而对你的工作印象深刻,从而给你带来更多的发展机会。报告的内容是以工作基础为支撑的,报告的逻辑结构则取决于撰写人的逻辑思维能力和文字表达能力。但是同样的内容、文字表达,如果没有让人赏心悦目的外观,同样会黯然失色。

下面以一个封面为例,让读者了解利用电子文件的编辑功能美化文件的方法。

图 13-2-9 和图 13-2-10 所示的是两份本项目报告的封面。第一份没有做编辑美化。第二份将封面颜色改成了彩色,增加了小车整体的图片,还给小车起了个"捉梦小新"的雅号,封面上增加了报告日期。通过简单的编辑美化,增加了项目报告对读者的吸引力,容易引起关注。当然,美化不等于弄得过分花哨,是否能获得加分的美化效果,还要取决于制作者的审美能力及对阅读对象的了解。

图 13-2-9

图 13-2-10

下面简单介绍在 Microsoft Word 2010 软件中对封面进行编辑的过程。

点击页面布局→页面颜色→选择水绿色,页面将改变颜色,如图 13-2-11 所示。

在页面第一行插入"捉梦小新"四个字,将其余文字改成横向显示,最后一行加上日期,并将字体和字号改成合适的样式和字号,如图 13-2-12 所示。

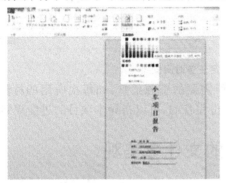 

图 13-2-11   图 13-2-12

选择插入→图片,找到要插入的图片所在的路径,选中所要插入的图形,移动图形到合适的位置,编辑即告完成,如图 13-2-13 所示。请读者花一点时间,多掌握一些 Microsoft Word 或金山 WPS 文字软件的编辑功能,把你的文件"打扮"得更加漂亮。

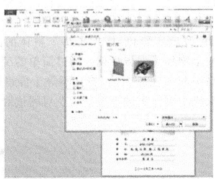

图 13-2-13

13.4   学会使用制作电子演讲稿

作为一名现代工程师,通过演讲与他人交流是一种不可缺少的能力。交流技巧直接关系交流的效果。在演讲前制作一个电子演讲稿,有利于提高交流的效率,是一种能为演讲者加分的技能。

制作电子演讲稿的软件有 Microsoft Power Point 及金山公司的 WPS 演示软件。

建议读者自学相关软件,收集一些常用的模板,提高演讲交流的能力。

随着视频制作软件的普及,已有越来越多的工程师使用视频文件进行交流,建议有条件的读者掌握这种方法。

扫一扫,获取本章资源

第 14 章　关于知识产权、创新与职业健康

知识产权(intellectual property right)制度是一种旨在保护创新、促进技术进步的制度。

先看一个事例。

铅笔和橡皮是两种用途相反、相互独立的文具。有一位好用橡皮的美国画家突发奇想,用铁丝将橡皮绑到铅笔上,并申请专利,成功获得了专利授权。政府相关部门向该画家收取了一定的专利保护费。根据法律规定:此后,任何人未经该画家许可,生产、销售这种带有橡皮的铅笔,都是侵犯专利权的违法行为。后来,有厂商花费数百万美元向该画家购买了此项专利,并开始合法地生产、销售这种带有橡皮的铅笔,为更多人带来方便。

经过若干年之后,该项专利过了法定的保护期,现在,任何人都可以无偿使用该项技术。

以上事例反映出建立专利制度的主要意图。

(1) 该画家是第一个将带有橡皮的铅笔申请专利的人,具有获得专利的资格(第一人独占,鼓励创新)。

(2) 该画家的申请获得了授权(专利授权是有条件的,并非所有的申请都可以获得授权)。

(3) 专利要交保护费(保护专利是有经济代价的,防止起哄或恶意封锁技术)。

(4) 专利权可以买卖(利用经济杠杆,加速技术产业化,尽快让大众受益)。

(5) 专利权有时间限制(促进技术进步和智慧成果公享,防止滋生长期坐享其成的食利者)。

知识产权分为工业产权和著作权两种。工业产权需要向知识产权管理部门申请,并通过审核才能获得。工业产权又分为商标权和专利权两种。其中专利的种类又分为:发明专利、实用新型专利和外观专利三种。当下,国内一项发明专利从递交申请到获得授权,通常要经过两年左右的审核时间。特殊情况可以申请缩短授权时间。著作权自动赋予发表者,不需申请。

此外,专利是有地域限制的,要在某个国家获得保护,必须向该国相关部门申请专利。

在上述事例中,如果该画家先将这种铅笔做成产品出售,或是先将这种想法写

一篇文章公开发表,然后再申请专利,将不能获得授权。因为,销售商品和发表论文的行为,将这种技术变成了"公知公会"的技术,而公知公会的技术是不能获得专利权的。所以,对于想要进行专利保护的技术,要在发表论文或销售产品之前,先将专利申请提交给相关部门。

专利申请要提交各类申请表格和文件,其中最重要的文件是"权利要求书"和"专利说明书"。前者用于提出自己的权利要求,后者用于对权利要求的技术细节加以说明。

作为工程师,尊重他人的知识产权和充分利用知识产权制度来保护自己的智慧成果是明智的选择,尊重他人的知识产权也是尊重自己的劳动成果。同时也要充分利用知识产权制度促进知识传播的特点,善于将尊重知识产权与创新做一个有机的融合。

什么是创新?简单地说:创新是发明或发现了世界上前所未有或闻所未闻的"新"事物。

这里的"新"要过经权威部门,在全世界范围内的数据库检索认定,不可自封为"新"。

创新是工程师的职业之"魂"。没有创新能力的工程师群体,只能屈为核心技术拥有者的打工仔。

"创新"要建立在"继承"的基础上,不了解历史和现状的创新,难免与他人"撞脸",得不偿失。并非所有的"新"都优于"旧",工程领域看好优于"旧"的创新。

下面用一段名为"抄、钞、超"的打油诗,与读者分享创新设计和尊重知识产权的一点心得。

> 天下设计三大"chao",
> 手抄、钱钞加赶超;
> 人类知识堆成山,
> 勤学可免走弯道,
> 不"抄"是傻帽;
> 你卖技术我付钞,
> 尔情我愿大家笑,
> 小"钞"变大"钞";
> 技术封锁阻拦我,
> 奋力突围跨步超,
> 能超者为高;
> "抄""钞""超",节节高,
> 法律法规我遵守,
> 专利护我超。

第一个"抄"是拜师学习，是通过学习来吸收人类已有的智慧和经验，是"钞"和"超"的基础。人类已经进入了大数据时代，大数据中蕴藏着丰富的公知公会技术资源，创造了空前良好的"抄"环境。要想成为有效的创新者，先要充分吸收人类现有的智慧，要充分利用知识产权制度中专利时效性规定，用好过了保护期的专利技术，多走捷径，少走弯路。书本上的很多知识，当年可能就是受专利保护的内容。现在，这些内容变成公知公会的知识了，任何人都可以无偿使用。那些前人呕心沥血获得的技术精华，大都是经过长期实践检验过的，成熟可靠，不"抄"太可惜。

勤学是"抄"者获得智慧的必要条件。平时多学习、多积累知识，急用时才能快速准确地"抄"中要害。那种以为不用学习，只用抄袭即可坐享其成的想法是极端幼稚的。平时不努力，临时觅"抄"者，要么找不到"抄"门，要么"抄"不得要领。依法"抄袭公知公会的技术"是工程师的基本功。

第二个"钞"是利用专利的商业属性和转让规则。在多办事、快办事、办好事、省投入的经济原则下，在经济能力许可的前提下，花钱购买现有的专利或没有公开的技术，是现代工业界的通常做法。这是对知识产权法律制度的遵守，是对发明者的尊重。尊重他人的知识产权，也是对自己的尊重。因为，我们将来也可能成为发明者。会"抄"，才能在"钞"的交易中不吃亏；不会"抄"只能成为挨宰的"土豪""傻帽"。

第三个"超"是通过创新，实现对现有技术屏障的跨越，是工程师有尊严地生存所必备的能力。在激烈的竞争环境中，有些核心技术是抄不到、买不来的，甚至出高价也买不到。"抄""钞"取得的技术，很难获得竞争优势。所以，唯有具备超越现有技术的智慧和实力，才能保障有尊严地生存，才能获得更大的收益，才能保证不会被核心技术持有者"一剑封喉"。同时要注意的是："超"是费力、费时、费钱、担风险的事，是万不得已的最后选择。

会"抄"是超越的基础。若"抄"功尚未修炼到一定的程度，盲目地去"超"，你可能会发现：当你竭尽浑身解数兴奋地到达孤芳自赏的高度时，你看到的是高手们留下的足迹和丢弃给你的"抄"材，他们已在更高的山岗上注视着你。当你已经成为"大抄咖"，发现已经无料可"抄"，或者"钞"之不值、"钞资不支"的时候，你的"超"才会价值连城，才会一"超"惊人，创新也会油然而生。为了一"超"惊人，必须学习、学习、再学习。

实现超越，说起来容易，做起来却十分艰难。超越之后，申请专利来保护自己的劳动成果是保证可持续发展的必要措施。撰写专利文件需要专门的法律知识。专利事务所是一种为他人申请专利的商业服务机构，将撰写专利文件等申请专利的事务委托给专利事务专业机构，是现代工业社会的一种常用商业模式。

当然，并不是所有技术都要申请专利保护。像"有橡皮的铅笔"这种容易模仿的技术，应该申请专利加以保护。而那些不经自己解密别人就难以破解的技术诀窍,就不必申请专利。例如,可口可乐的配方就没有申请专利。

善用"抄""钞""超"及专利保护等手段的工程师,是聪明、文明的工程师。

愿天下所有的工程师都聪明,都文明!

愿年轻机械工程师,快速地从"小抄家"成长为"大超咖"!

最后,提醒有志成为机械工程师的年轻学子:人的身体器官也和机器零件一样,是有"设计"寿命的。按照疲劳损伤累计学说,零件的寿命是由所承受的载荷和时间的乘积决定的。持续加载以及超负荷地运行,会使零件的寿命打折;间续性或轻负载的工作以及合理的保养,则会延长零件的使用寿命。

人的器官和机器零件一样,也需要保养。长时间、高强度的劳动,尤其是熬夜,会加速人体器官的老化;间歇性、适当的劳动负荷可以延缓身体的衰老。

人的每个身体器官都需要通过循环系统来获得氧气和营养。长时间身处一种姿态工作,会使身体的部分血管和神经受到过度压迫,导致供血和神经传导系统工作不畅。建议读者为自己配一个可以升降的电脑桌,让自己可以在站姿和坐姿之间转换,防止血液循环受阻。长时间高强度的脑力劳动以及睡眠缺乏会导致神经系统功能紊乱。这种血流不畅和神经功能紊乱会使本来健康的人陷入亚健康甚至不健康状态,年复一年就会罹患各种各样的疾病。适度的深度睡眠,是对身体的天然保护。

现代机械工程师少不了和计算机、手机打交道,长时间盯看计算机或手机屏幕,容易造成眼睛伤害。建议各位为自己配一个好显示器并控制盯看显示器的时间,保护好自己的眼睛。如果没有明亮的眼睛,你的所有职业活动,甚至日常生活都会变得异常艰难;失去了健康的身体,一切努力都可能成为徒劳。

务请各位学会保护身体,不要过劳,祝各位永葆健康!

参 考 文 献

[1] 辛文彤,李志尊.SolidWorks 从入门到精通[M].北京:人民邮电出版社,2012.

[2] BANZI M.爱上 Arduino[M].2 版.于欣龙,郭浩赟,译.北京:人民邮电出版社,2011.

[3] DS SolidWorks 公司.SolidWorks Motion 运动仿真教程[M].杭州新迪数字工程系统有限公司,译.北京:机械工业出版社,2012.

[4] DS SolidWorks 公司.SolidWorks Simulation 基础教程[M].杭州新迪数字工程系统有限公司,译.北京:机械工业出版社,2012.

与本书配套的二维码资源使用说明

本书部分课程资源以二维码的形式在书中呈现,读者第一次利用智能手机在微信下扫码成功后提示微信登录,授权后进入注册页面,填写注册信息。按照提示输入手机号后点击获取手机验证码,稍等片刻收到 4 位数的验证码短信,在提示位置输入验证码成功后,设置密码,选择相应专业,点击"立即注册",注册成功。(若手机已经注册,则在"注册"页面底部选择"已有账号?绑定账号",进入"账号绑定"页面,直接输入手机号和密码登录)。接着提示输入学习码,需刮开教材封底防伪涂层,输入 13 位学习码(正版图书拥有的一次性使用学习码),输入正确后提示绑定成功,即可查看二维码数字资源。手机第一次登录查看资源成功后,以后在微信端扫码可直接微信登录进入查看。